绿色建筑数字化发展
技术与应用

汤　民　著

中国建筑工业出版社

图书在版编目（CIP）数据

绿色建筑数字化发展技术与应用 / 汤民著. — 北京：
中国建筑工业出版社，2024.7. — ISBN 978-7-112
-30070-9

Ⅰ. TU201.5-39

中国国家版本馆 CIP 数据核字第 2024PJ3442 号

责任编辑：张　瑞　石枫华
责任校对：姜小莲

绿色建筑数字化发展技术与应用

汤　民　著

＊

中国建筑工业出版社出版、发行（北京海淀三里河路 9 号）

各地新华书店、建筑书店经销

北京科地亚盟排版公司制版

天津安泰印刷有限公司印刷

＊

开本：787 毫米×1092 毫米　1/16　印张：8¼　字数：179 千字

2024 年 7 月第一版　　2024 年 7 月第一次印刷

定价：66.00 元

ISBN 978-7-112-30070-9

（43004）

前　言

　　2023 年，各行业开始深入贯彻启动《中共中央 国务院关于完整准确全面贯彻新发展理念做好碳达峰碳中和工作的意见》。在绿色化、数字化的新时代发展背景下，深入解读最新的双碳政策要求，全面研究数字科技发展方向，并在建筑领域进行创新应用，是本书的主要内容和编写目的。

　　我国将提高国家自主贡献力度，采取更加有力的政策和措施，二氧化碳排放力争于 2030 年前达到峰值，努力争取 2060 年前实现碳中和。因此，推进节能减排和进一步深化应用将是我国未来的重要工作之一。建筑领域因其温室气体减排的巨大潜力而受到各国的高度关注，目前全球建筑行业碳排放量约占能源相关碳排放量的 40%。随着数字化技术的快速发展，绿色智慧楼宇成为提升建筑运维品质、降低能耗碳排放的重要需求。《城乡建设领域碳达峰实施方案》明确提出了绿色低碳城市建设目标。

　　中国绿色建筑已经历近 20 年的推广和发展，已成为全国各地城乡建设的基本要求，并开始在运行中注重节能减碳的实效。国家标准《零碳建筑技术标准》（送审稿）已经通过审查，《绿色建筑评价标准》GB/T 50378—2019 将绿色建筑评价定位在建筑物建成后的性能，有效约束绿色建筑技术落地，保证绿色建筑性能的实现。绿色建筑的数字化运行是绿色建筑的重要特征和技术关键，建筑运行成本占到建筑全生命期成本的 70%～80%。中国建筑科学研究院有限公司等单位主编完成《绿色建筑数字化运维管理技术规程》T/CECS 1184—2022，补充和完善了现有绿色建筑标准体系，适用于新建和正在运行的绿色建筑能源管理、设备设施管理、环境品质监控以及建筑信息模型等数字化系统。

　　随着数字化技术的发展，物联网、云计算、大数据、人工智能等数字化技术开始在建筑中进行探索和应用，以实现建筑绿色、便捷、舒适、安全等目标，从规划、施工、运营等全过程进行项目数字科技赋能。科技公司总部大楼广泛采取数字化技术来进行设计建设，传统地产开发企业也融合数字技术进行科技地产转型。数字化产业与建筑楼宇进行了深度融合，双向赋能，带动了科技产业的发展，提高了建筑楼宇品质，实现市场价值最大化。

　　本书主要基于新时代我国建筑产业绿色建筑发展背景和数字化技术的应用需求，从绿色建筑数字化理念和发展过程出发，总结当前绿色建筑和数字化技术的政策趋势，介绍绿色数字化技术的新产品和应用，并展示基于数字化技术的运维平台及其在实际工程中的运用。期望本书能为广大读者学习、理解绿色建筑数字化相关理念，在实际工程项目中灵活运用数字化技术提供支持和帮助。

　　本书由中国建筑科学研究院有限公司汤民著，感谢同济大学李峥嵘、夏麟、朱晗、邢文静、斯阳、余旭芸、虞雯轩、俞伊赜、刘雨欣，中国建筑科学研究院有限公司徐子涵、吴琼静、臧科宇、王言、梁思琪，上海东浩兰生信息科技有限公司项莉在编写过程中提供的支持和帮助，在此对各位的辛苦付出表示衷心感谢！

　　本书受上海市科委科技支撑碳达峰碳中和专项项目"大型公共建筑超低能耗设计建造与运维关键技术研究及示范"（22dz1207100）资助。由于编者水平和经验有限，书中疏漏和不足之处在所难免，敬请同行和专家批评指正。

汤　民

2023 年 7 月

目　录

第 1 章　绿色建筑数字化的背景 ···································· 1

　1.1　绿色可持续理念 ··· 1

　1.2　建筑行业数字化 ··· 2

　1.3　绿色建筑数字化的意义 ·· 3

第 2 章　绿色建筑数字化的发展 ································ 18

　2.1　绿色建筑的发展 ·· 18

　2.2　数字化发展和现状 ·· 20

　2.3　节能、零碳近期发展 ·· 21

　2.4　政策发展趋势 ·· 25

第 3 章　绿色数字化新技术和应用 ···························· 40

　3.1　数字化产品及应用 ·· 40

　3.2　建筑行业数字化产品及应用 ······································ 51

第 4 章　典型项目案例 ··· 83

　4.1　上海源点大厦绿色建筑 BIM 运维平台 ························ 83

　4.2　上海中建广场智慧建筑运维系统 ·································· 90

　4.3　上海兰生大厦 AI 智业云 ·· 109

　4.4　上海柏树大厦数字孪生运维平台 ·································· 115

参考文献 ·· 125

第1章

绿色建筑数字化的背景

● 1.1　绿色可持续理念

  资源短缺、气候变化、环境污染等全球性问题是影响可持续发展的重要因素。城镇化发展不仅导致资源和能源需求增加，同时也增加了温室气体的排放，加剧了气候异常与环境恶化，对全球经济、环境和社会产生严重影响。考虑到能源和环境的危机，"可持续发展"理念在全球范围内得到的重视程度达到了前所未有的高度。

  1987 年联合国世界环境与发展委员会（WCED）发布了《我们共同的未来》报告，首次提出"可持续发展"理念，并将其定义为："既能满足当代人的需要，又不对后代人满足其需要的能力构成危害的发展"，倡导环境保护与人类发展的平衡。为了满足可持续发展的需要，提高能源利用效率和减少环境污染已经成为各国的重要国策。

  建筑建造行业是全球碳排放和能源消耗最大的行业之一，根据国际能源署数据报告，2019 年全球建筑活动排放的二氧化碳量约占全球能源相关的二氧化碳排放总量的 38%，如图 1-1 所示。

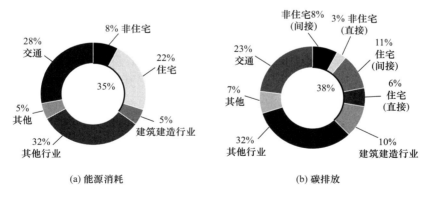

(a) 能源消耗　　　　　(b) 碳排放

图 1-1　2019 年建筑建造行业最终能源消耗和碳排放全球占比

  "绿色"作为一种可持续的理念，持续引导世界各国对于建筑节能问题的探索。1991 年，布兰达·威尔和罗伯特·威尔首次定义"绿色建筑"，并且在建筑设计中统筹考虑气候、环境、能源等多个元素，1992 年在里约热内卢举行的联合国环境与发展会议上，正式提出了"绿色建筑"的主题，此后各国纷纷建立了自己的绿色建筑标准和技术体系。

作为建筑行业推广可持续发展理念的重要途径，绿色建筑侧重于提高建筑能效，减轻建筑对环境和资源的负面影响，平衡长期的经济、环境和社会健康，通过创造更环保、更节约资源的建筑，从根本上改变建筑行业的现状。绿色建筑通常包含三个基本方面：有效利用能源、水和其他资源；保护健康，提高员工生产力；减少浪费、污染和环境退化。

由于快速的城市化和环境退化，这场绿色建筑革命在我国更为重要。改革开放后，我国经济得到了迅猛发展，目前，我国已成为世界上最大的能源消费国和碳排放国。2020年，我国占全球最终能源消耗的17％以上，占建筑二氧化碳排放量的近25％，其中，建筑行业的能耗在过去的几十年中持续增加。

因此，促进建筑业的可持续发展对于我国减少资源使用和尽量减少建筑物对环境的负面影响至关重要，而绿色建筑无疑是在我国快速现代化和城市化进程中，降低建筑能耗，同时改善城市环境的一种明智的战略方法。

• 1.2　建筑行业数字化

数字化指利用计算机信息处理技术把声、光、电、磁等信号转化成数字信号，或者把语言、文字、图像等信息转变为数字编码，用于传输与处理的过程，而在更广泛的背景下，通常将采用和使用数字技术的多种社会技术现象和过程称为数字化。

自20世纪70年代以来，信息技术几乎渗透到工业和服务业的所有部门，逐渐改变了以机械制造业为主的工业经济发展模式，从关注人与机器的关系转变到关注人与信息的关系，以人工智能、云计算、大数据、区块链为代表的数字化技术蓬勃发展，全球正加速迈向以万物互联、数据平台为支撑的数字经济时代。

发展数字经济、建设数字中国是新时代提出的新要求，《中国制造2025》也明确制造业需要与数字技术深度融合，通过发展智能制造实现转型升级。

建筑行业是国民经济的支柱产业之一，面临着资源能源消耗大、生产效率和质量低、资源浪费严重、环境影响突出等问题，社会经济发展对建筑行业提出的更高要求，使建筑行业亟须对全产业链进行更新、改造和升级，而数字经济时代，数字化转型是建筑行业实现高质量发展的重要路径。

在数字建筑的强力驱动下，建筑产业将打造以"新设计、新建造、新运维"为代表的数字化场景，实现产业生产力、生产关系的重大变革。通过生产力、生产关系的迭代升级，建筑行业的整体发展将步入新的时代。

绿色建筑的运维管理由传统房屋管理演化而来，可以理解为对人员、设施和技术进行整合，实现人员工作和生活空间的规划、管理和维护，达到基本需求和更高收益的科学，运维管理的内容如图 1-2 所示。

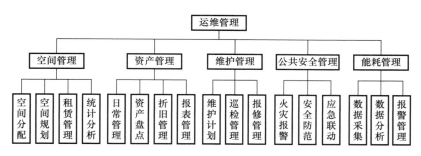

图 1-2　运维管理的内容

　　绿色建筑涉及建筑规划、设计、施工、运行和维护的全生命周期的各个阶段，同样，绿色建筑要求的运维管理也应参与全生命周期过程，在绿色建筑规划设计阶段就应预期可持续的资源管理和能源使用目标和策略，并在运营阶段不断调整优化运维目标与方案，以实现更绿色的未来目标。另外，运营阶段在建筑全寿命周期中持续时间和资源消耗最大，是运维管理的主要阶段，而建筑物在长达几十年内持续运营，造成使用寿命期间的故障和性能下降。因此，对建筑物运营阶段进行实时监控和诊断对整体绿色水平的提升具有重要意义。

　　数字化技术的发展使建筑具备了应对内、外部环境变化并自动调控的能力，基于数字技术的支撑，建筑全生命周期能够实现自然和社会资源的整合，提升建筑整体效率和质量，有效促进环境保护。如建筑信息模型（BIM）技术，由于其出色的信息集成与模拟能力已经被广泛应用于绿色建筑中，涵盖建筑的方方面面，为建筑和基础设施的全生命周期提供更高的效率。

1.3　绿色建筑数字化的意义

　　数字化时代里，各行各业都在进行数字化转型，将数字化技术应用在行业内的各项业务中，以期实现业务水平的提升，成为新发展的核心动力。

　　而在建筑领域内，数字化技术也在逐步成为该领域未来发展的核心动力之一。建筑领域涉及对象众多，从宏观到微观，大到城市规模，小到单栋建筑以及建筑内的设备系统，都是数字化技术的应用对象，而数字化技术应用所带来的改变及其意义也各不相同。本节将对建筑领域内各规模对象对数字化技术应用所带来的意义进行介绍。

　　从宏观城市或城区角度上，本书将对智慧城市、智慧社区进行阐述，并在一网统管应用中介绍城区管理层面上的变革。

　　从微观单栋建筑角度上，本书将在智慧建筑一节中介绍数字化技术应用的最终目标；按照建筑全生命周期，先是介绍贯穿整个建筑寿命中的 BIM 和城市信息模型（CIM）技术所带来的变革，再从房地产开发角度介绍科技地产所带来的变革；而针对运行维护阶段，本书将在第 3 章中展开介绍。

1.3.1 智慧数字城市

1. 背景现状

技术名词（如数字、智能、网络等）和城市一词连接，于 20 世纪 90 年代开始涌现，其背后有两大动力，一是技术变迁，如互联网、物联网、云计算、5G 通信等技术的外生驱动；二是解决城市发展问题，如城市化带来的交通拥堵、食品安全、环境污染、生物多样性减少、经济分化等问题的内生需求。

数字城市是传统城市的数字化形态。数字城市是应用计算机、互联网、3S、多媒体等技术将城市地理信息和城市其他信息相结合，数字化并存储于计算机网络上所形成的城市虚拟空间，能够虚拟地展现城市全貌，实现辅助规划、设计、城管、导航和决策等信息服务，数字城市技术体系架构如图 1-3 所示。

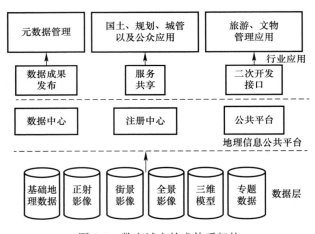

图 1-3　数字城市技术体系架构

智慧城市源于智慧地球的理念，它是基于数字城市、物联网和云计算建立的现实世界与数字世界的融合，以实现对人和物的感知、控制和智能服务。智慧城市是信息技术驱动下城市创新发展的一种新模式，是信息技术综合运用和集成创新的大平台。它广泛采用物联网、云计算、人工智能、数据挖掘、知识管理、社交网络等技术工具，注重用户参与、以人为本，构建有利于创新的制度环境，以实现智慧技术高度集成、智慧产业高速发展、智慧服务高效便民、以人为本持续创新。

数字城市和智慧城市是我国城市信息化的两个典型阶段。经过近十年的数字城市建设，城市运行数据大量汇聚积淀，城市画像日益清晰。从实践来看，基于数字城市建设成果，我国大部分城市正在由数字城市向智慧城市迈进。图 1-4 为数字城市案例。

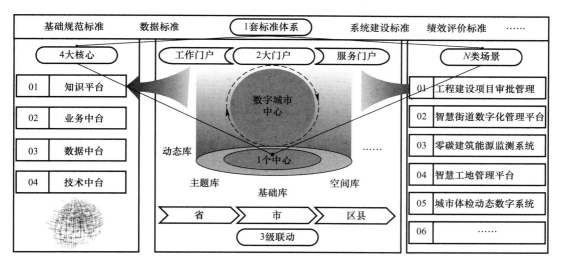

图 1-4　数字城市案例

当前我国智慧城市的建设历经了三个阶段，如图 1-5 所示。第一阶段以 2008～2012 年为主，以智慧城市概念导入为阶段特征，各领域分头推进行业数字化智能化改造，整体来看属于分散建设阶段；第二阶段以 2012～2015 年为主，以智慧城市试点探索发展为阶段特征，在智慧城市协调工作组的指导下，各业务应用领域开始探索局部联动共享，智慧城市步入规范发展阶段；第三阶段为 2016 年至今，智慧城市发展理念、建设思路、实施路径、运行模式、技术手段的全方位迭代升级，进入以人为本、成效导向、统筹集约、协同创新的新型智慧城市发展阶段。新型智慧城市以提升城市治理和服务水平为目标，以为人民服务为核心，以推动新一代信息技术与城市治理和公共服务深度融合为途

图 1-5　我国智慧城市历经三大发展阶段

径，涵盖智慧城市设计、建设、运营、管理、保障各个方面，新型智慧城市的架构与十大核心要素如图1-6所示。

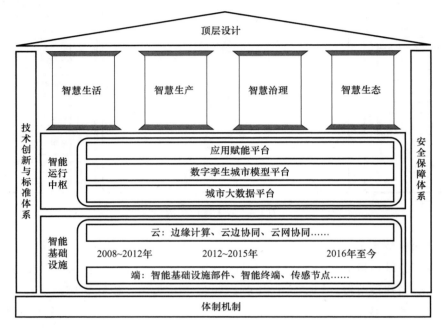

图1-6　新型智慧城市架构与十大核心要素

党的十八大以来，党中央、国务院高度重视新型智慧城市建设工作，要"统筹发展电子政务，构建一体化在线服务平台，分级分类推进新型智慧城市建设"。《中华人民共和国国民经济和社会发展第十三个五年规划纲要》将新型智慧城市作为我国经济社会发展重大工程项目，提出"建设一批新型示范性智慧城市"。《国家信息化发展战略纲要》明确提出分级分类建设新型智慧城市的任务。《"十三五"国家政务信息化工程建设规划》将新型智慧城市作为优先行动计划之一，明确了2018年和2020年新型智慧城市的发展目标，从实施层面为新型智慧城市建设指明了方向和关键环节。《中华人民共和国国民经济和社会发展第十四个五年规划和2035年远景目标纲要》指出，分级分类推进新型智慧城市继续成为落实数字化战略的重要抓手之一，智慧城市建设、数字技术应用的重要性愈加凸显。2021年是我国第十四个五年规划的开局之年，许多城市纷纷开展了数字化转型战略部署，进一步带动我国智慧城市产业蓬勃发展。

2. 国家智慧城市相关政策及规划汇总

智慧城市是运用物联网、云计算、大数据、空间地理信息集成等新一代信息技术，促进城市规划、建设、管理和服务智慧化的新理念和新模式。建设智慧城市，对于加快工业化、信息化及提高城市可持续发展能力具有重要意义（图1-7）。其中，政策支持对推进智慧城市建设具有重要意义：中国城市化的"政府主导"因素大于"市场演变"因素，政策在城市规划中起着决定性作用。自 2016 年以来，国家和地方"十三五"发展规划陆续出台，未来多个城市将重点建设智慧城市。从整理的政策文件（表 1-1）可以看出，各个文件从整体架构到具体应用，都提出了智慧城市建设的鼓励措施。

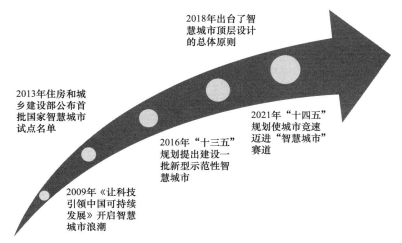

图 1-7　我国智慧城市政策发展历程

我国智慧城市建设相关政策（2019 年以来）　　　　表 1-1

时间	政策名称	内容解读
2023 年 7 月	《住房城乡建设部关于扎实有序推进城市更新工作的通知》	建立城市体检机制，将城市体检作为城市更新的前提。统筹推动既有建筑更新改造，城市数字化基础设施建设等城市更新工作。提升城市安全韧性和精细化治理水平
2021 年 5 月	《关于确定智慧城市基础设施与智能网联汽车协同发展第一批试点城市的通知》	智慧城市基础设施与智能网联汽车协同发展第一批试点城市包括北京、上海、广州、武汉、长沙、无锡 6 个城市
2021 年 4 月	《2021 年新型城镇化和城乡融合发展重点任务》	"十四五"开局之年，继续实施新型城镇化战略。促进农业转移人口有序有效融入城市；加强城市群和都市圈承载能力；转变超大城市发展模式；提高城市建设和治理现代化水平；推进以县城为重要组成部分的城镇化建设；加快城乡融合发展
2021 年 4 月	《关于加快发展数字家庭提高居住品质的指导意见》	推进智慧社区信息系统以及社会化专业服务等平台的对接、数字家庭系统基础平台与新型智慧城市"一网通办""一网统管"、智慧物业管理
2021 年 2 月	《国家综合立体交通网规划纲要》	建设城市道路、建筑与公共设施互相关联融合的体系，打造基于城市信息模型平台、集城市数据于一体的智慧出行平台，推动智能网联汽车与智慧城市协同发展
2021 年 1 月	《工业互联网创新发展行动计划（2021—2023 年）》	拓展冷链物流、应急物资、智慧城市等领域规模化应用，培育一批系统集成解决方案供应商
2020 年 11 月	《全光智慧城市白皮书》	首次提出了全光智慧城市的发展理念，通过 F5G（第五代固定宽带网络）加快全光基础设施的部署和升级，以高质量连接构建城市智能，推动基于智慧城市的创新应用场景

续表

时间	政策名称	内容解读
2020 年 10 月	《中共中央关于制定国民经济和社会发展第十四个五年规划和二〇三五年远景目标的建议》	加强和创新社会治理。把社会治理重心下移到基层，把权力下放到基层，加强城乡社区治理和服务体系建设，减轻基层特别是村级组织的负担，加强基层社会治理队伍建设，建设网格化管理、精细化服务、信息支撑、开放共享的基层管理服务平台，加强和创新城市社会治理，推进城市社会治理现代化
2020 年 4 月	《2020 年新型城镇化建设和城乡融合发展重点任务》	要加快实施以推进人类城市化为核心、以质量提升为导向的新型城镇化战略，增强中心城市和城市群综合承接和优化配置资源的能力，提高城市治理水平，促进城乡融合发展，为全面建成小康社会提供有力支撑
2020 年 1 月	《关于支持国家级新区深化改革创新加快推动高质量发展的指导意见》	深入推进智慧城市建设，提升城市细致化管理水平。优化城市区域功能布局，推动新区有序承接主城区部分功能。提高新区基础设施和公共服务设施建设水平，增强教育、医疗、文化等配套功能，率先全面实施绿色建筑标准，推进海绵城市建设，将宜居、绿色、便捷理念体现在规划建设的各个细节中，创造反映质量和文化遗产的生产和生活环境
2019 年 4 月	《2019 年新型城镇化建设重点任务》	引导大城市产业高端化发展，发挥在产业选择和人才引进上的优势，提升经济密度，强化创新动力，做优产业集群，形成以高端制造业和生产性服务业为主的产业结构
2019 年 1 月	《智慧城市时空大数据平台建设技术大纲（2019 版）》	建设试点智慧城市时空大数据平台，引导时空大数据系统平台建设；鼓励其在国土空间规划、市政建设与管理、自然资源开发利用、生态文明建设和公共服务等方面的智能化应用，促进城市科学、高效、可持续发展

3. 各省（区、市）智慧城市"十四五"规划

2020 年，"新基建"首次写入政府工作报告。如何让"城市大脑"更聪明，成为打造智慧城市建设的关键。2021 年，关于建设新智慧城市的讨论继续升温。如图 1-8 所示，"十四五"规划和 2035 年远景目标的核心内容之一是全面推进传统基础设施和新型基础设

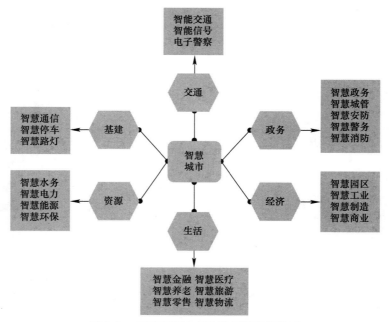

图 1-8 我国智慧城市建设规划目标体系

施建设，加快数字发展，打造数字经济新优势，统筹数字产业化和产业数字化转型，加快数字社会建设步伐，提升数字政府建设水平，营造良好数字生态，建设数字中国。

2021 年，我国许多地区在"十四五"规划中指出，要加快部署智慧城市和新基础设施，推进新技术等基础设施建设，推动传统基础设施升级，构建新一代信息基础设施体系。各省（区、市）"十四五"期间智慧城市发展规划/目标见表 1-2。

各省（区、市）"十四五"期间智慧城市发展规划/目标　　　　　　　表 1-2

省（区、市）	"十四五"期间智慧城市发展规划/目标
上海	主要目标是推进城市数字化转型，提升城市能级和核心竞争力，以深化供给侧结构性改革、扩大高水平开放为根本动力
重庆	推进智慧城市建设，深化大城市精细化管理、智慧化管理、公共化管理，常态化实施"路办"。建设与经济社会发展相适应的信息网络基础设施，系统布局建设新型基础设施，大力发展 5G、工业互联网、物联网、大数据中心等，有序推进数字设施建设
北京	实施"科技冬奥行动计划"，提升智慧城市服务水平，深入实施《北京大数据行动计划》，加快 5G、大数据平台、车联网等新型基础设施布局，推动传统基础设施数字化赋能。实施应用场景建设"万人工程"，在城市副中心、"三城一区"、冬奥公园、大兴国际机场等区域率先建设一批数字经济示范应用点
辽宁	推进智慧政务、智慧教育、智慧医疗、智慧物流、智慧交通、智慧金融等，提升智慧城市建设水平，加快辽宁"数字蝶变"
河北	全面推进启动区、起步区、重点区建设，重点建设智慧城市、海绵城市、交通网络、水利防洪、市政基础设施、生态保护、公共服务等领域重大项目
浙江	大力建设数字湾区，先行建设新型基础设施，培育数字经济核心产业链，建设新型智慧城市。大力建设新型智慧城市，推进中心城市"城市大脑"建设
江西	统筹建设"城市大脑"，推进城市运行"一网通办"。加强精细化城市管理，推动资源、管理、服务向街道社区下沉，推进智能安防社区建设，加快现代社区建设
陕西	加快数字陕西建设。推进数字产业化和产业数字化，积极开发面向汽车、装备制造、金融保险、现代物流、网络视听等行业应用场景的大数据产品和服务，培育大数据、人工智能、区块链、5G 应用等新增长点。实施数字赋能计划，加快发展数字农业，推动制造业和服务业数字化转型，推进中小企业"云平台"
黑龙江	培育数字经济新产业、新业态、新模式，拓展数字技术在现代农业、智能制造、智慧城市、流通系统等领域的发展应用场景，加快数字应用和数字产品开发，大力发展平台经济、共享经济和未来经济
云南	大力建设"数字云南"。加强数字社会和数字政府建设，建设智慧城市，拓展数字公共服务，提升政务服务、智慧教育、远程医疗、环境保护、社会治理、执法司法、边境管控、应急处置等数字智能化水平
福建	实施城市更新行动，实施智慧设施建设项目，打造"智慧城市"大脑，推动治理方式向精细化转变和配套资源向街道社区下沉
广东	加快数字产业化和产业数字化，建设"数字湾区"、数字政府、数字社会，探索数字数据立法，加强对数字发展的支持，提高全民数字技能
安徽	建设完整、高效、实用、智能、绿色、安全、可靠的现代化基础设施体系。实施"新基建＋"行动，加快第五代移动通信、工业互联网、大数据中心、超算中心、城市大脑、充电桩等建设
山西	培育智慧物流、智慧制造、智慧城市等新业务，加快数据开放共享，拓展应用场景，大力发展"互联网＋"新模式，培育支撑平台经济

续表

省（区、市）	"十四五"期间智慧城市发展规划/目标
甘肃	加强信息基础设施建设，建设一体化基础设施，大力发展智慧交通和智慧物流，全面推广能源汽车，建设配套设施。积极发展智慧数字教育、智慧医疗、智慧政府，全面推进新型智慧城市建设
江苏	全面建设数字社会，打造新型智慧城市和数字乡村，提升城乡公共服务、交通物流、生态环保、社会治理、安全生产等智能化水平。加快数字政府建设，全面推进政务系统数字化建设
河南	建设宜居韧性智慧城市，推进以人为核心的新型城镇化，加快构建以中原城市群为主体、大中小城镇协调发展的现代化城市体系
山东	实施城市更新行动，全面开展新型智慧城市建设，提升城市治理水平，塑造城市特色，全面提升生活质量和城市整体形象
湖北	实施数字经济跨越工程，推进数字产业化和产业数字化，推进智慧城市和数字乡村建设，推动数字技术在公共服务、生活服务和社会治理中的广泛应用、融合和创新
吉林	提升城市治理水平，建设新型智慧城市，推进政府治理精细化、现代化、智能化，提高城市应对突发事件的能力
湖南	大力推进数字产业化，发展壮大电子信息制造业，大力推进产业数字化，拓展工业互联网融合和创新应用，推动企业在云上"用数据赋智能"，推动服务业数字化转型
海南	加快区域和部门间的数据共享，打破"数据孤岛"。构建数字孪生治理体系，加快构建社会管理信息平台，实现全球物流、资金流、人流等所有要素的数字化、虚拟化、实时可视化和管控，打造精细化、智能化社会治理样板区
四川	加强数字社会和数字政府建设，提高公共服务和社会治理的数字智能化水平。推进政务服务标准化、规范化、便利化，深化政务公开
贵州	广泛开展"智慧城市""智慧社区"建设，重点领域开展数字孪生城市建设，推进城市生态修复，完善城市功能
青海	开展"5G＋工业互联网"融合创新应用试点示范，实施"云智慧"行动，推进智慧工厂、智慧车间建设。布局和建设新的基础设施
西藏	加快沿边开发区建设，继续推进边境发展行动和兴边富民行动，加强边境城镇建设，改善边境地区基础设施条件，提高基本公共服务水平，加强边境地区战略物资储备能力和国家安全能力
内蒙古	推进数字产业化和产业数字化，大力发展软件和信息服务业、电子信息制造业，实施数字化转型伙伴行动、云智能计划，加强数字社会和数字政府建设，建设新型智慧城市和数字乡村
新疆	加强基础设施建设，构建交通、现代水利、电力、信息化"四大支撑体系"，切实发挥经济发展支撑作用
宁夏	推进基本公共服务、市政公共设施和智慧城市建设提质扩容，建设快速高效的城乡交通网络、城市网络、信息网络和服务网络
广西	以共建数字丝绸之路为引领，积极参与中国—东盟数字规则标准制定和东盟智慧城市网络建设，实施大数据战略，加快数字产业化和产业数字化，推动数字经济与实体经济深度融合

4. 重点城市智慧城市发展规划

2021年，北京、上海、深圳等智慧城市出台相关政策，制定相关规划，同时将智慧城市纳入2021年的首要发展任务，在"十四五"初正式开启智慧城市新篇章。例如，2021年1月，深圳市政府发布了《深圳市人民政府关于加快智慧城市和数字政府建设的若干意见》，提出到2025年，深圳将建设一个具有深度学习能力的城市主体，成为全球新型智慧城市标杆和"数字中国"城市典范（表1-3）。

智慧城市政策　　　　　　　　　　　　　　　　　表 1-3

城市	相关政策	重点内容
深圳	《深圳市人民政府关于加快智慧城市和数字政府建设的若干意见》	到 2025 年，深圳将打造具有深度学习能力的城市智能体，成为全球新型智慧城市标杆和"数字中国"城市典范
北京	《北京市"十四五"时期智慧城市发展行动纲要》	到 2025 年，北京将建成新型全球智慧城市标杆城市，便捷高效的"一网通办"惠民服务，城市治理"一网通"智能协同，城市科技开放创新生态基本形成
上海	《关于全面推进上海城市数字化转型的意见》	到 2025 年，上海全面推进城市数字化转型成效显著，国际数字城市建设基本框架形成。到 2035 年，它将成为具有世界影响力的国际数字之都
苏州	《苏州市推进数字经济和数字化发展三年行动计划（2021—2023 年）》	到 2023 年，苏州数字经济核心产业增加值将达到 6000 亿元，年均增长率超过 16%。数字经济领域累计有效发明专利数将达到 7000 多项，PCT 专利申请数量将达到 1000 多项
长沙	《长沙市新型智慧城市示范城市顶层设计（2021—2025 年）》《长沙市新型智慧城市示范城市建设三年（2021—2023 年）行动计划》	形成"决策＋顶层设计＋行动计划"的新型智慧城市建设体系，构建"一脑赋能、数据惠全城"的建设运营模式，成为中国新型智慧城市的典范和标杆
武汉	《武汉市加快推进新型智慧城市建设实施方案》	智慧城市"超级大脑"按照"一个云网、一个大脑，政府管理，惠民服务，城市治理，产业创新，生态宜居等重点应用领域，运营管理、标准规范、信息安全三大安全体系"建设
济南	《关于进一步加快新型智慧城市建设的实施意见》《关于建立济南市新型智慧城市评价指标体系的实施意见》	力争到 2022 年成为中国智慧城市和数字先锋城市的新典范，辐射带动省会城市群，推动数字经济和城市高质量发展
郑州	《郑州市加快推进新型智慧城市建设的指导意见》	到 2022 年，郑州将建成特色鲜明、集聚辐射带动作用显著增强、综合竞争优势显著提升、保障和改善民生、创新社会管理成效显著的新型智慧城市，1～2 个试点区县（市）晋升全国新型智慧城市先进行列
成都	《成都市智慧城市建设行动方案（2020—2022 年）》	到 2022 年，成都智慧城市建筑体系基本完善，"城市大脑"全面赋能，数据要素高效转移，智能设施广泛应用。成都将进入中国第一批智慧城市，成为中国"数字政府和智慧社会"建设的典范城市
德州	《德州市新型智慧城市建设三年行动计划（2021—2023 年）》	到 2023 年，我们将努力成为全国模范城市，实现优质高效的政务服务、精细协调的社会治理、便捷包容的民生服务，显著提升城市质量，数字经济势头强劲，深化区域数字合作
江门	《江门市新型智慧城市建设行动方案（2021—2023 年）》	到 2023 年，用三年时间，将江门初步建成优商善治、宜居乐业、惠民便企的数字化智能城市，争创全国新型智慧城市建设先行区、数字融合发展样板区

5. 智慧城市建设侧重点划分

在政策的大力推动下，智慧城市的建设在一线城市和发达的二线城市已经开始，然而，由于城市之间发展水平不同，信息化程度也千差万别。对于发达城市来说，重点发展民生相关的智慧城市建设，以智慧城市提高城市创新和竞争能力；对于中型城市，则更注重智慧城市与当地旅游、港口等资源的结合，以提高当地经济水平（表 1-4）。

智慧城市建设侧重点   表 1-4

典型城市	智慧城市建设侧重点
深圳、上海等	以建设智慧城市作为提高城市创新能力和综合竞争实力的重要途径
武汉、宁波等	以发展智慧产业为核心
海口、桂林等	以发展智慧港口、智慧旅游为重点
佛山、昆山等	以发展智慧管理和智慧服务为重点
杭州、南昌等	以发展智慧技术和智慧基础设施为路径
成都、重庆等	以发展智慧人文和智慧生活为目标

6. 国家智慧城市相关标准体系

全国信息技术标准化技术委员会 2013 年发布的《我国智慧城市标准体系研究报告》对目前我国智慧城市标准体系进行了定义，主要由五个类别组成，分别为：智慧城市总体标准、智慧城市技术支撑与软件标准、智慧城市运营及管理标准、智慧城市安全标准、智慧城市应用标准，共 116 项标准，其中 31 项已发布，33 项处于制定中，52 项待制定，标准建设的成熟度为 27%，不到整体的三成。其中智慧城市安全标准涉及智慧城市建设过程中的信息数据安全、应用系统安全及信息安全管理等标准及规范，具体包括数据安全总体要求、应用系统安全总体要求和信息安全管理指南三项，在智慧城市整体标准体系框架中占比 2.5%，足见智慧城市在标准体系建设方面具有很大的空间。

2014 年 7 月，国家智慧城市标准化总体组发布的《中国智慧城市标准化白皮书（2014）》中确立了智慧城市标准化体系框架和重点编制的标准，总结了标准化体系基础性的参考模型，并制定了一批基础性和急需的标准等。从智慧城市规划、建设、运营、管理的需求角度分析亟需推荐制定的相关标准，建议重点建设智慧城市总体标准、顶层设计、多规划融合、信息服务标准、运营中心、重点应用专项等。

2017 年 10 月 14 日（"世界标准日"），国家标准委集中发布了一批国家标准，其中包括由国家智慧城市标准化总体组规划推动的以下四项标准：《智慧城市 技术参考模型》GB/T 34678—2017、《智慧城市评价模型及基础评价指标体系 第 1 部分：总体框架及分项评价指标制定的要求》GB/T 34680.1—2017、《智慧城市评价模型及基础评价指标体系 第 3 部分：信息资源》GB/T 34680.3—2017 和《智慧矿山信息系统通用技术规范》GB/T 34679—2017。

2019 年，国家标准化管理委员会批准发布了多部智慧城市建设国家标准，具体包括《信息安全技术 智慧城市安全体系框架》GB/T 37971—2019、《信息安全技术 智慧城市建设信息安全保障指南》GB/Z 38649—2020 等（表 1-5）。

		信息安全标准		表 1-5
标准类型	标准编号	标准名称	发布日期	实施日期
国家标准	GB/Z 38649—2020	信息安全技术　智慧城市建设信息安全保障指南	2020.4.28	2020.11.1
	GB/T 38237—2019	智慧城市　建筑及居住区综合服务通用技术要求	2019.10.18	2020.5.1
	GB/T 36625.5—2019	智慧城市　数据融合　第 5 部分：市政基础设施数据元素	2019.8.30	2020.3.1
	GB/T 37971—2019	信息安全技术　智慧城市安全体系框架	2019.8.30	2020.3.1
行业标准	YD/T 3533—2019	智慧城市数据开放共享的总体架构	2019.11.11	2020.1.1
	YD/T 3473—2019	智慧城市　敏感信息定义及分类	2019.8.27	2020.1.1

1.3.2　智慧社区

1. 智慧社区建设规范

2020 年，住房和城乡建设部办公厅发布了《关于国家标准〈智慧城市　建筑及居住区　第 1 部分：智慧社区建设规范（征求意见稿）〉公开征求意见的通知》。标准适用于指导智慧社区的设计、建设和运营。标准由范围、规范性引用文件、术语和定义、缩略语、智慧社区总体架构、基础设施、社区综合服务平台、应用服务要求、社区治理与公共服务、安全与运维十部分组成。标准明确了智慧社区系统总体架构由基础设施层、平台层、应用层、安全保障体系与运维保障体系等部分组成。

2. 智慧社区建设指南

2014 年，住房和城乡建设部印发《智慧社区建设指南（试行）》，通过综合运用现代科学技术，整合区域人、地、物、情、事、组织和房屋等信息。指南提出，统筹公共管理、公共服务和商业服务等资源，以智慧社区综合信息服务平台为支撑，依托适度领先的基础设施建设，提升社区治理和小区管理现代化，促进公共服务和便民利民服务智能化的一种社区管理和服务的创新模式，也是实现新型城镇化发展目标和社区服务体系建设目标的重要举措之一。

1.3.3　一网统管

1. 一网统管的提出

由于信息技术的飞速发展和行政管理理念的提升，"一网统管"已经成为各级部门努力实现城市管理科学化、精细化、智能化的指导思想，要完善"一网通办"、城市运行"一网统管"，并将加强"两网"建设作为提高城市现代化治理能力和水平的"牛鼻子"工程。"一网统管"的目标是"一屏观天下、一网管全城"，强化"应用为要、管用为王"价值取向，以城市运行管理中心为运营单位，以城市运行管理系统为基本载体，以高效解决问题，防范和治理重大风险为重点，以跨部门、跨层级协同联动为基本思路，探索符合特大城市特点和规律的治理新途径，形成城市治理的"上海方案"（图 1-9）。

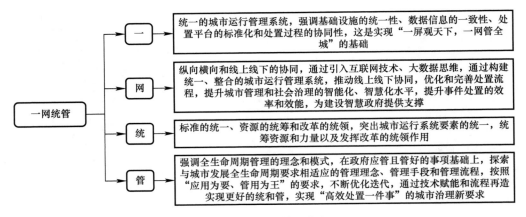

图 1-9　一网统管的含义

2. 一网统管的政策

近年来，特别是 2020 年以来，从中央到地方各级政府陆续出台相关政策、规划及行动计划，支持加快推进城市治理"一网统管"建设（表 1-6）。

国家及地方关于一网统管的政策　　　　　　　　　　　　　　　表 1-6

分类	时间	政策	部署要点
国家层面	2017.10	党的十九大报告	提出"推进国家治理体系和治理能力现代化"的总体目标
	2018.07	国务院关于加快推进全国一体化在线政务服务平台建设的指导意见	推进各地区各部门政务服务平台规范化、标准化、集约化建设和互联互通，形成全国政务服务"一张网"
	2019.10	中共中央关于坚持和完善中国特色社会主义制度推进国家治理体系和治理能力现代化若干重大问题的决定	到 2035 年，各方面制度更加完善，基本实现国家治理体系和治理能力现代化；到中华人民共和国成立一百年时，全面实现国家治理体系和治理能力现代化
	2021.03	第十四个五年规划和 2035 年远景目标纲要	加快建设数字经济、数字社会、数字政府，以数字化转型整体驱动生产方式、生活方式和治理方式变革
	2021.03	2021 年政府工作报告	加强数字政府建设，建立健全政务数据共享协调机制，推动电子证照扩大应用领域和全国互通互认，实现更多政务服务事项网上办、掌上办、一次办
省市层面	2020.02	上海市关于进一步加快智慧城市建设的若干意见	发挥政府、社会、市民等各方作用，聚焦政务服务"一网通办"、城市运行"一网统管"、全面赋能数字经济三大建设重点
	2020.11	北京市"十四五"时期智慧城市发展行动纲要（征求意见稿）	"一网通办"惠民服务便捷高效、"一网统管"城市治理智能协同，全面支撑首都治理体系和治理能力现代化建设
	2021.01	重庆市 2021 年政府工作报告	加快构建智慧化城市综合管理服务平台，推行城市综合治理"一网统管"、城市运行安全"一屏总览"、智慧调度"一键联动"，让城市运行更智慧、更精准、更高效

续表

分类	时间	政策	部署要点
省市层面	2021.01	山西省 2021 年政府工作报告	推动城市管理智能化，促进城市运行"一网统管"，建设省、市两级城市综合管理服务平台，实现县级数据城管平台全覆盖
	2021.01	广东省 2021 年政府工作报告	推进省市两级数据资源共享平台对接联通，扩大省级一体化政务服务平台应用，实施"一网统管"三年行动计划
	2021.01	河南省 2021 年政府工作报告	提升数字化治理水平，建成省市数字政府云，全面实现政务服务"一网通办"、社会治理"一网通管"、政务数据"一网通享"
	2021.01	江西省 2021 年政府工作报告	推进城市建设和运行"一网统管"
	2021.01	青海省 2021 年政府工作报告	加快智慧城市、海绵城市、韧性城市建设，推进城市治理"一网统管"，让城市更美丽、生活更美好

1.3.4　智能建筑

1. BIM

建筑信息模型（Building Information Modeling，以下简称"BIM"）技术是设计与施工的三维虚拟化数字技术。BIM 技术作为一项基础性技术，能够用于工程项目中的规划、勘察、设计、制造、施工和运营维护等阶段，通过三维数字技术构建项目建筑物的信息模型，在建筑全生命周期的各个环节之间实现数据共享和协同，降低项目成本，确保工程按时按质完成，推动建筑绿色发展，实现建筑业升级转型。

这项新技术使得设计师能够从具有工程属性和参数化信息的三维模型中获得设计灵感，而不再局限于传统的平面设计和平面、立面及剖面图。2011 年 6 月，英国政府宣布了一项 5 年计划，即：在 2016 年底前完成所有公建项目的 BIM 普及工作，并要求参与建筑项目的各方从 2016 年起使用 BIM 工具和技术，并以可互操作的信息格式提供模型信息，同时可扩展到设施管理。而在我国，住房和城乡建设部 2011 年 5 月发布《2011-2015 年建筑业信息化发展纲要》，拉开了 BIM 技术在我国应用的序幕。图 1-10 为 BIM 架构。

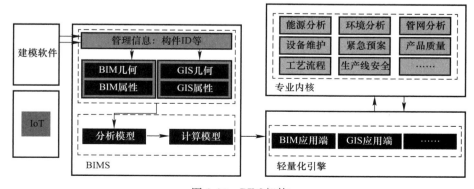

图 1-10　BIM 架构

经过近十年的发展，许多软件平台、工程项目等都已应用 BIM 技术，国家也颁布了相关标准编制及政策支持。住房和城乡建设部相继出台的一系列相关政策，如《关于推进建筑信息模型应用的指导意见》，大力推动了 BIM 的应用发展。在《2016—2020 年建筑业信息化发展纲要》中将 BIM 技术列为"十三五"建筑业重点推广的 5 大信息技术之一。同时，也有许多企业都意识到了 BIM 的重要性，出现了一批 BIM 应用的标杆项目，以 BIM 为代表的互联网信息技术正在成为推动建筑业转型和现代化的主要推动力。

2. CIM

CIM 城市信息模型（City Information Modeling，以下简称"CIM"），是 BIM 概念在城市范围内的扩展，是实现数字孪生城市的基础和关键。CIM 技术是通过城市的三维空间地理数据，叠加上城市所含建筑、地上地下结构以及城市物联网的 BIM 信息，来创建城市的三维数字空间信息模型。CIM 技术能够将信息模型具体化到单个建筑中的一个机电配件或门，与传统的基于 GIS（地理信息系统）的静态数字城市相比，转型升级为动态的数字孪生城市，为灵活的城市管理和精细治理提供了数据库。

2020 年 12 月 21 日召开的全国住房和城乡建设工作会议明确指出：贯彻落实党的十九届五中全会和中央经济工作会议决策部署，重点抓好八大任务，其中第一项就是"全力实施城市更新行动，推动城市高质量发展"，在部署年度重点工作任务时提出，要加快构建部、省、市三级 CIM 平台建设框架体系。

当前对于 CIM（图 1-11），普遍认为是以 BIM 技术为核心，集成 CSD（地球空间数据），连接 IoT（物联网）数据，建立三维城市空间模型和城市动态信息的有机综合体，即 CIM＝BIM＋GIS＋IoT（物联网），是大场景的 GSD＋小场景的 BIM 数据＋IoT 数据的有机结合。

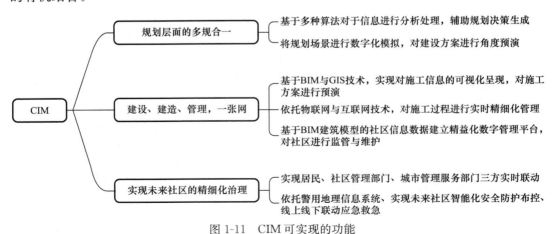

图 1-11 CIM 可实现的功能

3. 科技地产

1）科技地产的定义

狭义的科技地产是指在项目开发中运用科技元素，在建筑布局规划、施工工艺方法、建筑材料、信息通信、智能化生活等方面提升产品的科技含量和质量，提高人在其中工作和生活的舒适度，从而打造出性价比较高的新型房产。

广义的科技地产是一种新型的产业园区开发模式，其客户群是创新型和成长型企业，按照市场经济规律，以项目开发为手段，通过高新技术产业集群的专业化运营，为其提供研发载体和产业服务。

2）科技地产的发展趋势

科技地产是工业地产的更高层次，从其含义来看，通过打造高新技术产业集群，实现政府、入园企业、开发商各方利益平衡的科技园区开发。5G 时代的来临，互联网＋、智慧城市、物联网等领域高速发展，用户对于互联网的需求并不仅仅取决于人与人、人与物，而是全面的、多样化的。科技在地产领域的发展是必然的，"科技＋地产"是未来发展的必然趋势。

国内互联网企业也试图通过产业互联网思维来帮助地产行业实现向智慧化的蜕变。互联网企业具有雄厚科研、云计算、大数据运算、AI 等高科技能力，通过对地产行业的赋能，在传统的钢筋水泥建筑中附加互联网数字科技，用产业互联链接物与物，物与人，为人类的居住生活带来温度和情怀。

在未来，根据宜居宜业的要求，科技地产将会改变原有的开发模式，从生态环境、城市景观、服务配套、支撑体系等层面出发，按照"网络化、多中心、组团式、集约型"的理念，着眼于构建良性的综合创新生态环境。在生活服务完善方面，科技地产为满足就业人口居住需求，将增加居住用地，提高人才公寓、宿舍的配套比例等，也将结合轨道交通来构建社区生活圈，完善社区的公共服务设施，以引进更多的人才。

第2章

绿色建筑数字化的发展

• 2.1 绿色建筑的发展

　　20世纪90年代起，我国开始了绿色建筑相关方面的探索与研究。1998年，国内首次提出对建筑行业进行绿色改革，并提出了节能减排的战略方针。2003年，颁布我国第一个绿色建筑评价体系《绿色奥运建筑评估体系》，2004年9月，"全国绿色建筑创新奖"评选启动，鼓励开发商自愿建设绿色建筑，正式拉开了我国绿色建筑发展的序幕。此后几年，以政府支持和科研机构的绿色建筑研究为主，绿色建筑领域的研究在此阶段也有重大突破（图2-1）。

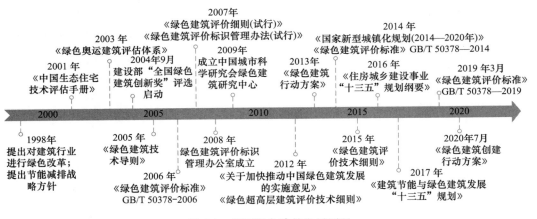

图 2-1　我国绿色建筑发展历程

　　2006年，我国颁布了第一部绿色建筑综合评价标准《绿色建筑评价标准》GB/T 50378—2006，由中国建筑科学研究院及上海市建筑研究院等多方合作编制完成，首次提出"绿色建筑"的定义，确定了"四节一环保"的评价指标体系，奠定了各类绿色建筑评价标准的基石，这为评估我国的绿色建筑实践提供了一种标准化的方法。自此，我国绿色建筑发展迎来一个高潮。

　　2007年，建设部发布了《绿色建筑评价技术细则（试行）》和《绿色建筑评价标识管理办法（试行）》，开始逐渐完善绿色建筑评价体系。2008年，住房和城乡建设部科技发展促进中心成立了绿色建筑评价标识管理办公室，主要负责绿色建筑评价标识工作，指导我国的绿色建筑星级评价工作。2008 年，"中国绿色建筑标签"计划启动。

2013 年，国家发展和改革委员会、住房和城乡建设部颁布了《绿色建筑行动方案》，大力促进城镇绿色建筑发展，重点推动政府投资建筑、保障性住房以及大型公共建筑率先执行绿色建筑标准，提及建立健全绿色建筑评价体系。此后，国家层面采用"激励"与"强制"并行的方式大力推动绿色建筑发展。

2014 年《国家新型城镇化规划（2014—2020 年）》的发布，明确了绿色建筑的发展战略与目标要求。为进一步完善和保证绿色建筑的实施，住房和城乡建设部发布了《绿色建筑评价标准》GB/T 50378—2014，扩大了使用范围，并补充了各类建筑物的具体要求，该标准于 2015 年开始实施。2019 年 3 月发布新版《绿色建筑评价标准》GB/T 50378—2019，并于同年 8 月 1 日起实施。《绿色建筑评价标准》GB/T 50378—2019 将绿色建筑定义为：在全寿命周期内，节约资源、保护环境、减少污染，为人们提供健康、适用、高效的使用空间，最大限度地实现人与自然和谐共生的高质量建筑。

2020 年 7 月，住房和城乡建设部联合七部委印发《绿色建筑创建行动方案》，旨在全面推动绿色建筑高质量发展。这既是对传统建筑业加快转型升级的响应，也是建筑业践行绿色发展理念的重要途径。

我国的绿色建筑技术不断发展完善，绿色建筑材料和产品性能不断提升，对"被动技术优先、主动技术优化"等绿色建筑理念的认识不断深入，绿色建筑的增量成本逐年降低。根据《绿色建筑评价标准》GB/T 50378—2019，将绿色建筑技术汇总见表 2-1。

绿色建筑技术 表 2-1

体系分类	相关技术
节地	土壤监测；屋顶绿化；透水地面；垂直绿化
节水	节水器具；中水处理；节水灌溉装置；用水分项计量
节能	低能耗围护结构；高效照明灯具；高效冷水机组；用电分项计量；全热回收装置；节能电梯；太阳能光伏发电
节材	采用地方性建筑材料、设备与技术；绿色环保材料；高性能混凝土；可再循环材料；新型墙体材料；材料可更新设计；节材新技术、新工艺
环境	高压微雾系统；导光筒；室内空气质量监控系统；PHT 光氢离子净化装置
运营	建筑物业数字化管理控制平台；智能家居集成控制系统

尽管我国绿色建筑已经取得了一定的成绩，但各个方面还存在不足，需要进一步完善。在绿色建筑项目建设中，市场企业主体商业部门参与度较低，需要结合政策工具、财政支持、信息措施等手段，鼓励市场企业主体在中国大规模建设绿色建筑；对于强制执行绿色建筑标准的项目，缺乏从规划、设计、施工、竣工验收的质量监管，由于缺乏规划环节的把控和竣工环节的验收，导致绿色建筑质量难以保障，不能满足我国绿色建筑标准的规定；多数项目致力于获得绿色建筑设计评价标识，仅有少数获得了绿色建筑

运行评价标识，存在绿色建筑运维水平低、绿色技术设备利用率差、后期管理不善等问题；我国地域广阔，从南到北，自西向东，气候条件、地形地貌、经济发展、民俗文化等不尽相同，导致了各地区的绿色建筑发展差距较大；政府目前尚没有一套完整的评估机制去判定绿色建筑的质量标准，在评估中，大多数情况下只是通过经验对建筑进行鉴定，缺少对建筑量化的标准。

目前，我国新建绿色建筑认证已经取消绿色建筑设计标识，只进行绿色建筑运行标识认证，下一步，将重点关注对建筑节能运行质量的监督把控，推进建筑节能运行管理。另外，运用物联网、云计算、大数据等技术，加快我国绿色建筑向智慧化发展。

• 2.2 数字化发展和现状

当代经济发展模式的一个显著特点就是全球经济一体化，在《数字地球——认识 21 世纪我们这颗星球》报告中首次提出了"数字地球"（Digital Earth）的概念，其出现从根本上满足了信息化社会对信息的巨大需求，实现了信息的获取、处理和应用。

1999 年我国召开了数字化地球国际会议，专家认为数字地球是信息技术、空间技术等现代技术与地球科学交融的前沿。1999 年 11 月 29 日，第一届"数字地球国际会议"上正式提出北京要启动数字北京工程。

为了促进制造业数字化转型，我国相继出台了《促进大数据发展行动纲要》《工业互联网发展行动计划（2018—2020 年）》等文件，在产品研究、成果转化、信息基础设施建设、信息安全保障与服务平台建设等方面提供了重要支撑，为制造业数字化转型提供基础设施保障。

建筑业方面，计算机与信息技术开始大量用于工程的各个领域。"数字建筑"实现了建筑领域信息化、自动化、智能化、集成化和最优化，促进了自然和社会资源的整合，提高了建筑运行效率，保证建筑产品质量，有效促进环境可持续发展。从数字架构的定义来看，它可以分为数字化设计和数字化建设。数字化建造使得建造效率更高，建造工艺更精细，美学效果更好，而数字化设计将建筑设计的信息通过数字表示出来，是以现代先进的计算机图形技术、网络技术、虚拟现实技术、数据库技术等数字化技术为主要方法，进行数据处理，并根据相关设计规范建立对应的数字模型的过程。

我国建筑业正处于向工业化和数字建造转型的"两期叠加"时期。2000 年以后，建设部正式提出编写数字建筑与数字社区设计标准的任务。2011 年，住房和城乡建设部颁布了《2011—2015 年建筑业信息化发展纲要》，将 BIM 和协同工作作为"十二五"时期的发展重点。2016 年，住房和城乡建设部发布了《2016—2020 年建筑业信息化发展纲要》，进一步明确了项目各参与方都要应用 BIM 技术。之后，《国务院办公厅关于促进建筑业持续健康发展的意见》（国办发〔2017〕19 号）和《住房城乡建设科技创新"十三五"专项规划》等国家各项相关政策进一步落地实施和推进。这些政策措施效应的持续释放，必将推动建筑业数字化转型快速发展。

建筑行业是目前数字化水平最低的行业之一，与医疗、汽车、物流、零售等领域已经进入数字颠覆价值链和数字主导价值链相比，建筑领域数字化仍处于非常早期的阶段，建筑企业的数字化转型仍面临着包括数据监管与安全，海量数据的本地存储、分析和挖掘，以及合作伙伴间数据共享和协作的问题，建筑行业也面临着工业化和信息化全面融合程度不高，数据标准尚未统一，数据存在安全隐患、数据未实现充分开放与共享、核心关键技术能力不足，数字化基础设施水平不高，建筑数字化指标体系和技术措施缺失、数字鸿沟、数字化人才培养等问题。另外，当下基于建筑信息模型概念的数字化设计工具中，少有建筑的绿色概念、空间形态、材料属性与构造特性等的绿色化，仍没有隐含于设计的工具中。

数字化的关键驱动力是数字技术。当前市场上出现了各种数字技术，既包括物联网（IoT）或区块链等新兴技术，也包括社交媒体、移动计算、高级分析和云计算（SMAC）等更成熟的技术。

建筑行业的数字化转型以信息技术为支撑，通过建立基于 BIM 的建筑全生命周期管理信息系统，建筑企业可以通过多种信息系统的综合应用实现智慧建造，人们则可以通过全生命周期管理信息系统所蕴含的各种建筑信息打造智慧生活。同时，通过综合运用互联网、物联网、云计算、大数据、人工智能等新一代数字技术，提升建筑的功能，对建筑全生命周期进行精细化、信息化、一体化、智能化的运营管理，通过集成数字交互使得整个价值链更加紧密，并为使用者创造出更好的体验和感受。此外，借助互联的 BIM，建筑业从业人员可随时在云端更新、追踪施工现场的各类信息，管控现场可能出现的风险，促进更高效、更高质量的协作，并将收集到的海量数据用于今后项目的优化分析当中，为项目管理开启更多新的可能。如今，随着 BIM 与大数据、云计算、机器人、3D 打印、传感器、GPS（全球卫星定位系统）、移动终端、虚拟现实、增强现实等先进技术的集成应用，互联的 BIM 正在推动建筑行业迅速从"优化时代"步入"互联时代"，开启设计、建造、运维的全新方式。

2.3 节能、零碳近期发展

碳中和是应对全球气候危机的重要手段。目前，全球已有 137 个国家提出碳中和目标，其中，欧盟、美国、英国、加拿大、日本、新西兰、南非等国家或区域计划在 2050 年实现碳中和，少部分国家（如德国）将碳中和目标提前到 2045 年。

中国二氧化碳排放力争于 2030 年前达到峰值，努力争取 2060 年前实现碳中和。"双碳"目标的提出，预示着全社会的生产与生活方式将发生重大转型。

"低碳建筑""健康建筑""超低能耗建筑""智慧建筑"都属于绿色建筑的范畴，绿色建筑是这几类建筑的基础，这几类建筑又是绿色建筑在各分支的深化和延伸。

2021 年 10 月 24 日，中共中央、国务院印发《关于完整准确全面贯彻新发展理念做好碳达峰碳中和工作的意见》，指出："大力发展节能低碳建筑。持续提高新建建筑节能标准，加快推进超低能耗、近零能耗、低碳建筑规模化发展。"

建筑节能是绿色建筑和低碳发展的基础，关注提升能效、降低能耗，我国建筑节能低碳发展历程如图 2-2 所示。

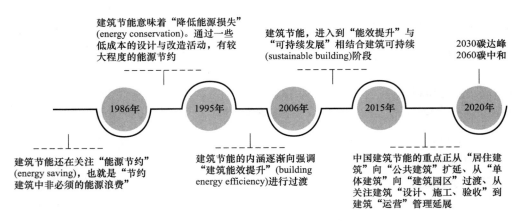

图 2-2 建筑节能低碳发展历程

根据能耗指标可将高性能建筑分为超低能耗建筑、近零能耗建筑、零能耗建筑。近年来，我国陆续颁布支持超低能耗建筑建设的有关政策。国务院 2016 年发布的《"十三五"节能减排综合工作方案》中，提出"开展超低能耗及近零能耗建筑试点"。《近零能耗建筑技术标准》GB/T 51350—2019，提出了近零能耗建筑的概念和关键性指标。中国建筑节能协会发布的《近零能耗建筑测评标准》T/CABEE003—2019，对近零能耗建筑示范项目的检测技术和评价方法作出了规定。截至 2019 年底，全国已有 18 个示范项目获得超低、近零、零能耗建筑标识，示范项目均符合《近零能耗建筑技术标准》GB/T 51350—2019 的各项要求，推动了我国近零能耗建筑的健康发展。截至 2020 年 6 月，我国共有 10 个省及自治区和 17 个城市共出台 47 项政策，对超低能耗建筑项目给出了明确的发展目标或激励措施。

绿色低碳发展是建筑节能近年来内涵的深化补充，关注建筑全生命期内综合性能的提升和对环境更友好的需求。低碳发展不一定会降低能耗，但可以通过使用可再生能源降低温室气体排放对气候变化的影响。

零碳建筑是在建筑全寿命期内，通过减少碳排放和增加碳汇实现建筑的零碳排放。2023 年 12 月，《零碳建筑技术标准（送审稿）》通过审查，为支持"碳达峰碳中和"目标，还需要完整的标准支撑体系，因此，迫切需要从基础、方法、产品等多个维度，完善优化建筑节能低碳技术标准体系。2020 年，中国在 GDP 比 2005 年（国家自主贡献目标基准年）增长超过 4 倍的同时，单位 GDP 二氧化碳排放比 2005 年下降 48.4%，超额完成了 2009 年承诺的 45% 的高线目标，相当于减少二氧化碳排放约 58 亿 t（图 2-3），初步实现了经济发展与碳排放脱钩，走上一条符合国情的绿色低碳转型之路。

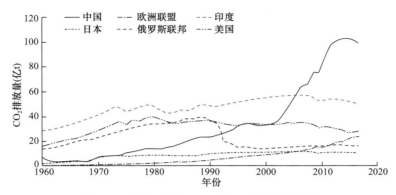

图 2-3 有关国家和地区历年二氧化碳排放量

数据来源：世界银行

零碳排放、零能耗的双零化发展是我国未来几年的主要发展目标之一。2015 年我国在巴黎气候大会上郑重承诺，到 2030 年实现单位国内生产总值二氧化碳排放比 2005 年下降 60%~65%（图 2-3）。零碳建筑以"零碳排放"为极致目标，真正实现具有相当难度，但是其概念的提出对地表生态环境保护具有非常现实和积极的意义。零能耗建筑指对传统能源高效循环利用，或采用可再生的非化石能源（风能、太阳能、水能、生物质能等）的建筑。

根据《中国建筑节能年度发展研究报告（2020）》，我国建筑碳排放总量整体呈现出持续增长趋势，2019 年达到约 21 亿 t，占总碳排放的 21%，若考虑包括建材生产、运输和工艺过程的建筑相关行业，碳排放比例已超过 35%（图 2-4）。我国当前仍处于工业化和城市化发展阶段中后期，尽管不断加大节能降碳力度，能源总需求未来一定时期内还会持续增长，二氧化碳排放也仍呈缓慢增长趋势。目前我国建筑领域只对大型公共建筑的建筑运行能耗采集、传输、监测有相关技术指导，而从碳视角来评价指导建筑节能的低碳技术发展还是一片空白。

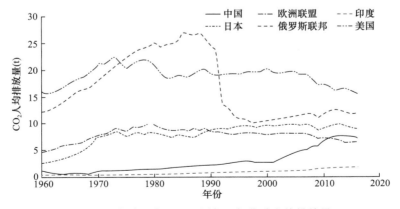

图 2-4 有关国家和地区历年二氧化碳人均排放量

数据来源：世界银行

建筑领域的碳中和通过调整用能结构，实现建筑用能电气化，发展清洁能源、可再生能源改变用电方式，实现建筑用电零碳化，同时减少建材导致的碳排放，最后通过绿化等碳汇措施平衡能源使用造成的碳排放。

从工业革命开始形成的工业文明，其本质是充分挖掘自然界的一切资源以满足人类的需求。全球工业发展先后经历 3 次能源转型，每一个阶段都是工业进步的标志，也是时代发展的需求，人类工业发展及能源转型历程如图 2-5 所示。

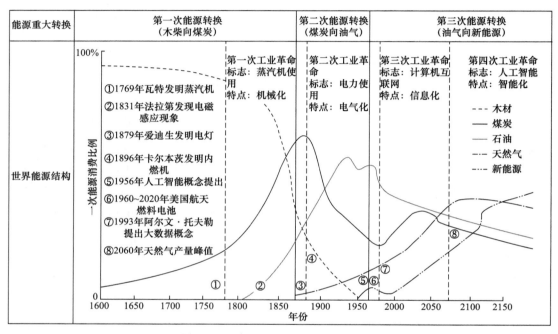

图 2-5　人类工业发展及能源转型历程

碳中和愿景下的排放路径可以分为 4 个阶段，即 2020～2030 年的达峰期、2030～2035 年的平台期，2035～2050 年的下降期和 2050～2060 年的中和期（图 2-6）。

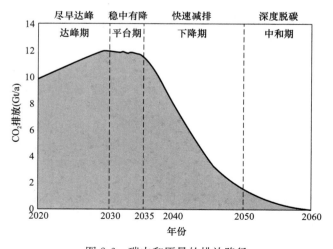

图 2-6　碳中和愿景的排放路径

因此，碳减排、碳中和并不是制约经济发展，而是通过革命性变革打破技术和经济发展的僵局，促进建筑行业跨越式发展。

2.4　政策发展趋势

2.4.1　绿色建筑政策趋势

1. 国家绿色建筑行业相关政策及标准

绿色建筑是指在建筑的整个生命周期内，能够最大限度地节约资源、能源、土地、材料、保护环境和减少污染，并提供健康、适用、高效使用、与自然和谐共处的建筑。我国绿色建筑起步虽晚，但发展迅速，基本形成了目标明确、政策配套、标准完善、管理到位的体系。"十三五"以来，我国绿色建筑覆盖范围逐步扩大，建设水平不断提高，这与相关政策、标准的推动和引导密不可分。与绿色建筑相对应，国家层面出台了许多政策、法规和标准，总结见表 2-2。

绿色建筑政策　　　　　　　　　　　　　　　　表 2-2

发布时间	发布部门	政策名称	具体内容
2012 年 4 月	财政部、住房和城乡建设部	《关于加快推动我国绿色建筑发展的实施意见》	首次在国家部委层面提出绿色建筑发展目标和绿色建筑、绿色生态城市建设激励政策
2013 年	国务院办公厅	《绿色建筑行动方案》	明确绿色建筑的发展目标、基本原则、重点任务和保障措施。计划到 2015 年底，20% 的新建城市建筑将达到绿色建筑标准的要求
2014 年 3 月	中共中央、国务院	《国家新型城镇化规划（2014—2020 年）》	将绿色建筑作为实现新型城镇化的重点任务，提出到 2020 年，城市绿色建筑将占新建建筑的 50%
2015 年 6 月	住房和城乡建设部	《关于推进建筑信息模型应用的指导意见》	强调了 BIM 应用在建筑领域的重要性，明确了 BIM 的发展目标：到 2020 年底，BIM 集成应用项目在以下新项目的勘察、设计、施工、运营和维护中的比例将达到 90%；主要由国有基金投资的大中型建筑；申请绿色建筑的公共建筑和绿色生态示范小区
2015 年 11 月	住房和城乡建设部	《被动式超低能耗绿色建筑技术导则》	根据国外被动式住宅和近零能耗建筑的经验，结合我国现有工程实践，明确了我国被动式超低能耗绿色建筑的定义、不同气候区域的技术指标以及设计、施工、运营和评估的技术要点，为全国被动式超低能耗绿色建筑建设提供指导
2016 年 9 月	工业和信息化部	《建材工业发展规划（2016—2020 年）》	促进绿色建筑材料的生产和应用。到 2020 年，绿色建筑材料在新建建筑中的比例将达到 40% 以上。开发轻质、高强度、耐用、自绝缘和组件产品；烧结产品，如用于自绝缘的高孔隙率和高强度的空心砌块、非烧结产品，例如加气混凝土砌块，防水、防腐和隔热复合组装的内墙和外墙板，以及本质安全，真空隔热板等节能环保隔热材料

续表

发布时间	发布部门	政策名称	具体内容
2016 年 12 月	国务院	《"十三五"节能减排综合工作方案》	建筑节能被列为重点节能领域。要求制定绿色建筑建设标准，开展绿色生态城市建设示范。到 2020 年，城市绿色建筑面积占新建建筑面积的比例将提高到 50%。实施绿色建筑全产业链发展规划，推广绿色建筑方法，推广节能绿色建筑材料、预制件和建筑材料
2017 年 2 月	国务院	《关于促进建筑业持续健康发展的意见》	明确提出要提高建筑设计水平，突出建筑使用功能和节能、节水、节地、节材、环保要求，提供功能适用、经济合理、安全可靠、技术先进、环境协调的建筑设计产品
2017 年 3 月	住房和城乡建设部	《建筑节能与绿色建筑发展"十三五"规划》	推动重点地区、重点城市、重点建筑类型全面实施绿色建筑标准，积极引导绿色建筑评估鉴定项目建设，力争绿色建筑发展规模翻番。到 2020 年，城镇绿色建筑将占新建建筑的 50% 以上，新建绿色建筑面积将超过 20 亿 m²
2017 年 4 月	住房和城乡建设部	《建筑业发展"十三五"规划》	1）提高建筑节能水平；2）全面实施绿色建筑标准；3）促进绿色建筑的大规模发展；4）完善监督管理机制
2018 年 12 月	住房和城乡建设部	《海绵城市建设评价标准》《绿色建筑评价标准》等 10 项标准	旨在适应中国经济从高速增长阶段向高质量发展阶段过渡的新要求，高标准支持和引导中国城市建设和工程建设高质量发展
2020 年 7 月	住房和城乡建设部、国家发展和改革委员会等多部门	《绿色建筑创建行动方案》	到 2022 年，绿色建筑面积在城市新建建筑中的比例将达到 70%，星级绿色建筑将继续增加，现有建筑的能效水平将继续提高，住宅建筑的健康性能将继续改善，装配式建筑方法的比例将稳步提高，绿色建筑材料的应用将进一步扩大，绿色住宅用户的监管将全面推进，人民群众将积极参与绿色建筑的创建，形成崇尚绿色生活的社会氛围

关于绿色建筑，相关标准如下：《绿色建筑评价标准》GB/T 50378—2019、《建筑工程绿色施工评价标准》GB/T 50640—2010、《既有建筑绿色改造评价标准》GB/T 51141—2015、《建筑工程绿色施工规范》GB/T 50905—2014 和《民用建筑绿色设计规范》JGJ/T 229—2010 等。

2. 绿色建筑创建行动方案

2020 年 7 月，为推动绿色建筑高质量发展，根据《国家发展改革委关于印发〈绿色生活创建行动总体方案〉的通知》，住房和城乡建设部、商务部等多部门联合印发了《绿色建筑创建行动方案》，该方案从绿色建筑设计标准、绿色建筑材料的使用和绿色建筑的验收等方面提出了鼓励发展的明确方向，具体见表 2-3。

绿色建筑鼓励发展方向　　　　　　　　　　　　　表 2-3

政策要点		主要内容
创建目标		到 2022 年，城市新建建筑中绿色建筑面积占比达到 70%，星级绿色建筑持续提升，装配式建筑占比稳步提升，绿色建材应用进一步扩大，绿色住宅用户监管全面推进
重点任务	1. 推动新建建筑全面实施绿色设计	制定和修订相关标准，将绿色建筑的基本要求纳入项目建设强制性规范；推动绿色建筑标准的实施，加强设计、施工和运营管理；将在各地推广绿色建筑立法
	2. 完善星级绿色建筑标识制度	完善绿色建筑标识申请、审核和公示制度，统一国家标识标准和标识样式。建立标识撤销机制，限期整改或直接撤销标识。建立全国绿色建筑标识管理平台，提高绿色建筑标识工作效率和水平
	3. 建筑能效水平	推进既有住宅节能节水改造；开展重点城市建设，提高公共建筑能效；推进公共建筑能耗统计、能源审计和能效宣传；鼓励各地因地制宜提高政府投资的公益性建筑和大型公共建筑的绿色水平
	4. 住宅健康性能	改善室内空气、水质、隔声等健康性能指标；推广一批居民健康绩效示范项目
	5. 推广装配化建造方式	大力发展钢结构等装配式建筑，新建公共建筑原则上采用钢结构；推广装配装饰；建设装配式建筑产业基地
	6. 绿色建材应用	加快绿色建筑材料的评估和认证，并推广其应用；建立绿色建材信用机制；推动政府投资项目率先采用绿色建材；建设一批绿色建材应用示范项目，大力发展新型绿色建材
	7. 加强技术研发推广	建立科技成果数据库，促进科技成果转化；积极探索 5G、物联网、人工智能、建筑机器人等新技术在工程建设领域的应用，推动绿色建筑与新技术融合发展
	8. 建立绿色住宅使用者监督机制	向购房者提供房屋绿色性能和全装修质量验收办法，指导绿色住宅开发建设单位配合购房者检查工作。鼓励各地将住宅绿色性能和整体装修质量指标纳入商品房买卖合同、住宅质量保证书和住宅使用说明书，明确质量保修责任和纠纷处理办法

3. 全国省市绿色建筑创建行动方案

自《绿色建筑创建行动方案》发布以来，各地的住房和城乡建设部门都做出了回应。到 2020 年 10 月中旬，很多省份已公布地方《绿色建筑创建行动方案》，并指出到 2022 年，各省、市、自治区新建城市建筑中绿色建筑面积的比例将达到 70%。同时，星级绿色建筑数量持续增加，绿色建材应用持续推进，相关内容见表 2-4。

绿色建筑目标　　　　　　　　　　　　　表 2-4

地区	创建目标
山西省	推动城市新建建筑全面实施绿色建筑标准。到 2022 年，全省新建城市建筑中绿色建筑面积占比达到 70%，其中星级绿色建筑占比达到 20%；装配式建筑稳步推进。2022 年，全省新建装配式建筑 600 万 m²，占新建建筑面积的 21%
河北省	2022 年，全省新建城市建筑中绿色建筑面积占比达到 92%，被动式超低能耗建筑面积达到 600 万 m²。逐步提高装配式建筑在城市新建建筑中的比例，推动绿色建筑材料在新建建筑中应用。星级绿色建筑将继续增加，既有建筑能效水平将继续提高，住宅建筑健康性能将不断提高，绿色住宅用户监管将全面推进

地区	创建目标
河南省	到 2022 年底，绿色建筑面积占城市新建建筑的比例将达到 70%。黄河流域沿线城市和有条件的地方已全面实施绿色建筑标准。政府投资和大型公共建筑已达到星级绿色建筑。星级绿色建筑数量持续增加。培育特低能耗建筑推广示范区，建设一批引领绿色超低能耗建筑发展的示范项目。既有建筑改造持续推进，住宅健康性能不断提升，新型建筑产业化水平稳步提升，装配式建筑技术规模和绿色建材比例进一步提升，以消费者为主体的绿色建筑市场环境基本形成
湖北省	1）到 2022 年，全省绿色建筑建成面积占比超过 70%，其中武汉、襄阳、宜昌超过 80%，湖北省内其他市超过 60%。在设区的城市，1~2 个项目获得了星级绿色建筑标识； 2）到 2022 年，全省新建城镇住宅全面实施《低能耗居住建筑节能设计标准》DB42/T 559—2013，建筑节能水平提高 10% 左右。超低能耗建筑试点建设取得了可行性经验； 3）到 2022 年，绿色建筑材料得到广泛应用。全省新建建筑绿色建材比例将达到 30% 以上，其中政府投资项目和大型公共建筑绿色建材占比将达到 50% 以上
安徽省	到 2022 年，绿色建筑面积在城市新建建筑中的比例将达到 70%，星级绿色建筑将继续增加，现有建筑的能效水平将继续提高，住宅建筑的健康性能将继续改善，装配式建筑的比例将稳步提高，绿色建筑材料的应用将进一步扩大，绿色住宅用户的监管将全面推进，人民群众将积极参与绿色建筑的创建，形成崇尚绿色生活的社会氛围
山东省	2020~2022 年，全省将新增超过 3 亿 m² 的绿色建筑。到 2022 年，绿色建筑将占新建城市民用建筑的 80% 以上，星级绿色建筑将继续增加，住宅健康性能将继续提高，绿色建筑材料的应用将进一步扩大；城镇新建建筑装配式施工比例达到 30%，装配式钢结构试点建设取得积极成效；建筑能效水平进一步提升，既有建筑节能改造和超低能耗建筑、近零能耗建筑发展稳步推进；全面推进绿色住宅用户监管
宁夏回族自治区	到 2022 年，绿色建筑面积在新建城市民用建筑中的比例将达到 70%，星级绿色建筑将继续增加，现有建筑的绿色改造水平将继续提高，住宅建筑的健康性能将继续改善，装配式建筑方法的比例将稳步提高，绿色建筑材料的应用将进一步扩大，绿色住宅用户的监管将全面推进，人民群众将积极参与绿色建筑创建活动，形成崇尚绿色生活的浓厚社会氛围
云南省	1）到 2020 年底，全省新建城市建筑中绿色建筑面积占比达到 50%。建立健全绿色建筑评价和标识体系，因地制宜推进既有建筑节能改造，装配式建筑和工业规模将稳步增长； 2）到 2021 年底，力争在当年进一步提高绿色建筑面积在全省新建城市建筑中的比例。滇中各州（市）将积极发展星级绿色建筑，继续推进既有建筑节能改造； 3）到 2022 年底，力争当年全省新建城市建筑绿色建筑面积达到 70%，既有建筑节能改造取得显著成效，持续推进住宅健康性能，扩大装配式建筑方式覆盖面，进一步扩大绿色建筑材料的应用，持续推进绿色住宅用户的监管，人民群众将积极参与绿色建筑的创建，形成绿色生活支撑绿色建筑的良好氛围
吉林省	全省城市新建建筑全面实施绿色建筑标准。到 2022 年，绿色建筑面积占城市新建建筑的比例将达到 70%，到 2025 年，城市新建建筑中绿色建筑面积比例将达到 80%。绿色建筑标准在建设阶段实施的比例将继续提高，星级绿色建筑将稳步增加，住房健康性能将持续改善，装配式建筑的比例将显著提高，绿色建筑材料的应用范围进一步扩大，全面推进绿色住宅用户监管，加大对优质诚信绿色建筑、绿色建材等相关企业的宣传力度，提高公众对绿色建筑的认识和认可度，形成崇尚绿色生活的社会氛围
辽宁省	到 2022 年，绿色建筑面积在城市新建建筑中的比例将达到 70%，星级绿色建筑将继续增加，现有建筑的能效水平将继续提高，住宅建筑的健康性能将继续改善，装配式建筑方法的比例将稳步提高，绿色建筑材料的应用将进一步扩大，绿色住宅用户的监管将全面推进，人民群众将积极参与绿色建筑的创建，形成崇尚绿色生活的社会氛围
福建省	到 2022 年，绿色建筑面积在新建城市民用建筑中的比例将达到 75% 以上，星级绿色建筑将继续增加，现有建筑的能效水平将继续提高，住宅建筑的健康性能将继续改善，装配式建筑方法的比例将稳步提高，绿色建筑材料的应用将进一步扩大，绿色住宅用户的监管将全面推进，人民群众将积极参与绿色建筑创建活动，形成崇尚绿色生活的社会氛围

2.4.2　数字化政策趋势

1. 国家数字化相关政策

在总体政策布局下，中国数字经济也呈现出蓬勃发展的态势。数字经济政策正从国家战略方向发展到地方实施方向。从政策分布来看，呈现出东部政策先行、中西部地区加快出台的特点。从几个主要城市群的政策分布可以看出，长三角地区的数字经济政策最为密集，到 2019 年达到 88 项。在中部地区的长江中游城市群中，数字经济政策的出台非常迅速，增长速度正在迅速赶上长三角地区。从政策类别来看，75% 的城市和省份发布了关于数字经济的综合政策，最受关注的是产业数字化政策。88% 的地区发布了第一产业数字化政策，85% 的第二和第三产业地区也发布了相关政策。具体而言，大数据、人工智能和 5G 是产业数字化中最受关注的政策点。超过 30% 的地区拥有强大的大数据政策权重。以电子商务为代表的行业数字服务业起步最早，积累最深。电子商务、智能物流等领域率先提出数字化转型相关政策。随着工业互联网、智能制造等政策受到高度关注，与工业互联网和智能制造相关的政策也在迅速追赶。

数字经济是加速经济发展和治理模式重构的新经济形态。当前，中国数字经济发展进入快车道。推动数字经济发展和数字化转型的政策不断深化实施，进一步凸显了数字经济在国民经济中的地位。

截至 2020 年，数字经济相关政策见表 2-5。

数字经济相关政策

表 2-5

时间	政策/会议	相关内容
2015.11	《中华人民共和国国民经济和社会发展第十三个五年规划纲要》	实施国家大数据战略，推动数据资源开放共享
2017.10	党的十九大报告	加强应用基础研究，为建设科技强国、质量强国、空间强国、网络强国、交通强国、数字中国、智慧社会提供有力支撑
2017.12	中共中央政治局第二次集体学习	推动实施国家大数据战略，加快完善数字基础设施，促进数据资源整合开放共享，保障数据安全，加快数字中国建设
2019.05	《数字乡村发展战略纲要》	把发展农村数字经济作为重点任务，加快农村信息基础设施建设，推动线上线下现代农业融合，进一步挖掘信息化在乡村振兴中的巨大潜力，促进农业全面升级、农村全面进步、农民全面发展
2019.08	《国务院办公厅关于促进平台经济规范健康发展的指导意见》	大力发展"互联网＋制作"。适应产业升级需要，推动互联网平台与工农业生产深度融合，提升生产技术，提升创新服务能力，大力推进物联网和大数据在实体经济中的应用，推动数字经济和数字产业发展，进一步推进智能制造和服务型制造
2019.11	党的十九届四中全会	推进数字政府建设，加强数据有序共享，依法保护个人信息
2019.11	《国家数字经济创新发展试验区实施方案》	河北省（雄安新区）、浙江省、福建省、广东省、重庆市、四川省等启动设立国家数字经济创新发展试验区。经过约三年的探索，数字产业化和产业数字化取得显著成效

续表

时间	政策/会议	相关内容
2020.03	《工业和信息化部办公厅关于推动工业互联网加快发展的通知》	深化工业互联网产业应用，推动企业使用云平台，加快工业互联网试点示范普及，推动工业互联网在更大范围、更深程度、更高水平上融合创新；加快工业互联网创新发展工程建设，深入实施"5G＋工业互联网"512工程，增强关键技术产品供给能力
2020.03	《中小企业数字化赋能专项行动方案》	加快发展在线办公、在线教育等新模式，培育壮大共享制造、个性化定制等服务型制造新业态，提升生产性服务水平；搭建供应链、产融对接等数字化平台，帮助企业对接供应链和融资链；加强网络、计算、安全等数字资源服务支撑，加强数据资源共享开发利用；推动中小企业实现数字化管理和运营，提升智能制造和云使用水平，推动产业集群数字化发展
2020.04	《关于构建更加完善的要素市场化配置体制机制的意见》	明确将数据作为一种新型生产要素写入政策文件。提出加快培育数据要素市场，推进政务数据开放共享，提升社会数据资源价值，加强数据资源整合和安全保护
2020.04	《关于推进"上云用数赋智"行动 培育新经济发展实施方案》	大力培育数字经济新业态，深入推进企业数字化转型，构建数据供应链，以数据流引领物资、人才、技术、资本流动，形成产业链上下游、跨行业融合的数字生态系统
2020.07	《关于支持新业态新模式健康发展激活消费市场带动扩大就业的意见》	积极探索新的在线服务模式，激活新的消费市场；加快产业数字化转型，壮大实体经济新动能；鼓励发展新的个体经济，为消费和就业开辟新的空间；培育和发展共享经济新业态，创造生产要素供给新途径

2. 全国省市数字化相关政策

在国家政策指导下，各级地方政府相继出台数字经济发展相关政策和规划，推动数字经济发展。各地区数字经济规模快速增长，数字经济规划见表2-6。

数字经济规划　　　　　　　　　　　　　　　　　表2-6

省（区、市）	政策/规划	相关内容
北京	《北京市加快新场景建设培育数字经济新生态行动方案》	通过实施应用场景"十万"工程，打造全面展现北京魅力和重要创新成果的"10＋"特色示范场景，复制推广"100＋"城市管理和服务典型新应用，壮大具有爆发力的"1000＋"高成长企业，为企业创新发展提供更大的市场空间，培育高效协同、智能融合的数字经济发展新生态，将北京打造成为中国领先的数字经济开发高地
上海	《上海加快发展数字经济推动实体经济高质量发展的实施意见》	大力推动关键核心技术突破，吸引和培育一大批具有良好成长和发展潜力的优质企业，努力打造数字经济发展新亮点。强化责任落实，通过政策创新和制度创新为数字经济发展营造良好环境，推动数字经济成为上海经济发展重要增长极
天津	《天津市促进数字经济发展行动方案（2019—2023年)》	到2023年，初步形成智能科技创新能力突出、集成应用成果突出、数字经济占国内生产总值比例全国领先的新发展格局。数据将成为关键生产要素，数字化转型将成为天津实现高质量发展的主导力量，努力将滨海新区建设成为国家数字经济示范区
重庆	《重庆建设国家数字经济创新发展试验区工作方案》	重庆将用约三年时间，围绕制约数字经济创新发展的关键问题，大力开展改革创新和试点试验。到2022年，力争实现万亿级数字经济，占GDP比例超过40%

续表

省（区、市）	政策/规划	相关内容
黑龙江	《"数字龙江"发展规划（2019—2025 年）》	到 2025 年，"数字龙江"初步建成，信息基础设施和数据资源体系进一步完善，数字经济成为经济发展新的增长极，数字政府运行效率显著优化，社会治理智能化发展水平显著提高，数字服务红利惠及全民，网络安全防范能力显著增强，经济社会数字创新活力和区域竞争力显著提升，大力支持黑龙江省经济社会发展全面实现质量变革、效率变革、动力变革
吉林	《"数字吉林"建设规划》	到 2025 年，"数字吉林"体系基本形成，大数据、云计算、人工智能、"互联网＋"将成为创新驱动发展的重要支撑，以新技术、新产业、新业态、新模式为核心的新动力将显著增强。经济社会运行数字化、网络化、智能化水平不断提高，数字红利充分释放，数字经济推动高质量发展的作用充分体现
辽宁	《辽宁省加快发展数字经济核心产业的若干措施》	以"数字产业化、产业数字化"为主线，大力培育数字经济新模式新业态
河北	《河北省数字经济发展规划（2020—2025 年）》	到 2025 年，全省数字技术融合创新和信息产业支撑能力显著增强，电子信息产业主营业务收入突破 5000 亿元，产业数字化进入全面扩张期，两化融合指数达到 94，共享经济、平台经济等新模式、新业态将蓬勃发展，成为国家新兴数字产业化发展区、制造业数字化转型示范区、服务业融合发展试验区
山西	《山西省加快推进数字经济发展的若干政策》	到 2022 年，全省数字经济创新发展基础进一步夯实，信息产业保持快速增长，数字经济规模突破 5000 亿元；到 2025 年，全省数字经济将进入快速扩张期，随着与数字经济相适应的政策法规体系的建立和完善，全民数字素养将显著提高，数字经济规模将达到 8000 亿元
河南	《2020 年河南省数字经济发展工作方案》	2020 年，全省数字经济快速发展，数字经济规模占 GDP 比例超过 30％。数字经济核心区建设加快推进，国家大数据综合试验区成效显著；城市治理、社会服务等重点领域数字化转型和融合创新取得突破，数字经济与实体经济融合发展显著提升
湖北	《关于加快发展数字经济培育新的经济增长点的若干政策措施》	拟实施 5G 万站工程、产业数字化转型工程、万企云工程、大数据开发应用工程、在线新经济培育工程，建设公共卫生应急体系信息化建设示范区、新一代人工智能创新发展示范区、5G＋工业互联创新发展示范区域、信息技术应用创新示范区、新一代信息技术与传统产业融合发展示范区，为数字经济提供了一条全速跑道
山东	《山东省支持数字经济发展的意见》	到 2022 年，数字经济与经济社会领域融合的广度和深度将显著增强。重要领域数字化转型将率先完成，数字经济占 GDP 比例每年提高 2 个百分点
湖南	《湖南省数字经济发展规划（2020—2025 年）》	到 2025 年，全省数字经济规模跻身全国前十，突破 2.5 万亿元，数字经济占 GDP 比例达到 45％。数字经济基础设施能力全面提升，数字治理体系初步完善。湖南将成为国家数字经济创新引领区、产业集聚区、应用引领区
内蒙古	《内蒙古自治区人民政府关于推进数字经济发展的意见》	到 2025 年，全区数字基础设施进一步完善，产业融合创新取得重大进展，数字治理能力大幅提升，数字公共服务能力进一步增强，数字经济对国民经济发展的引领和带动作用有效发挥
江苏	《智慧江苏建设三年行动计划（2018—2020 年）》	围绕信息基础设施超前布局、智慧城市建设深入推进、智慧民生应用加快普及、数字经济加快发展四个重点方向，实施了基础设施升级、政务服务能力优化、政务服务水平提升、政务服务质量提升等工程，创新智慧城市治理，便利民生服务，融合数字经济

省（区、市）	政策/规划	相关内容
安徽	《支持数字经济发展若干政策》	支持数字技术创新，建设工业互联网创新中心；大力培育数字经济平台；构建数字经济产业生态，建设数字经济特色园区；大力发展"数字+"服务
浙江	《浙江省数字经济五年倍增计划》	坚持数字产业化、产业数字化，全面实施数字经济倍增五年规划，深入推进云上浙江省和数字省建设。支持杭州建设全国首个数字经济城市，支持乌镇建设国家互联网创新发展综合试验区
江西	《江西省数字经济发展三年行动计划（2020—2022年)》	把发展数字经济作为江西省加快培育新动能的"一号工程"，加快全省数字经济生态系统建设，推动经济、政府、社会数字化转型。预计到2022年，江西数字经济增加值将以年均26%以上的速度增长，达到1.5万亿元以上。将建设4万个5G基站，打造国家数字经济发展新高地
福建	《福建省人民政府办公厅关于加快全省工业数字经济创新发展的意见》	电子信息产业规模将超过1.2万亿元，年均增长12%以上。创新能力显著增强，以数字技术创新为主要驱动力的新产业生态初步建立。到2025年，工业数字经济生态更加完善，产业规模和创新能力走在全国前列
广东	《广东省培育数字经济产业集群行动计划（2019—2025年)》	建设"国家数字经济发展试验区"，力争到2022年实现数字经济规模7万亿元，占GDP比例近55%，实施数字湾区建设等7个重点项目
广西	《广西数字经济发展规划（2018—2025年)》	到2025年，全区将发展形成具有强大核心竞争力的数字经济生态系统，带动实体经济实现重大跨越，国际影响力显著提升，成为面向东盟的数字经济合作发展新高地，成为"一带一路"数字经济开放合作的重要门户
海南	《智慧海南总体方案（2020—2025年)》	打造开放型数字经济创新高地。聚焦产业数字化和数字产业化两大主攻方向，加快数字经济与实体经济深度融合，做好海南经济体系提质增效工作。加快新产业、特色农业、海洋经济、航运物流、金融、会展等优势产业数字化转型，不断壮大以互联网为核心的数字产业集群，努力营造宽松便利的开放创业环境，促进海南工业经济多元化发展
陕西	《陕西省推动"三个经济"发展2020年行动计划》	加快数字经济示范区建设，加快发展互联网、电子商务、大数据、物联网、人工智能、区块链等新业态。支持西安建立国家数字经济创新发展试验区，确定首批省级数字经济示范区和园区，推进国家跨境电子商务综合试验区、国家数字出版基地、国家数字服务出口基地等建设
甘肃	《甘肃省数据信息产业发展专项行动计划》	到2020年，丝绸之路信息港初步建成，数据信息产业生态体系基本建立，成为甘肃经济社会发展的绿色新引擎。到2025年，"一带一路"数字经济高地将在甘肃形成。丝绸之路信息港将成为服务和支持中亚、西亚、中东欧等的通信枢纽、区域信息汇聚中心和大数据服务输出地的重要载体，将甘肃建设成为网络强省和数字经济大省
宁夏	《宁夏回族自治区政府工作报告》	2020年，将推动数字经济"引领新赛道"。支持银川中关村创新创业园、石嘴山网络经济园、中卫西部云基地高质量发展，培育软件服务、5G商务等业态，加快人工智能、物联网、区块链等应用，推动数字经济深度融合和大发展
青海	《青海省数字经济发展实施意见》	提出构建独具青海特色的"1119"数字经济发展促进体系，基本完成"一核三辅"数字经济布局建设，形成"主题鲜明、重点突出、全面覆盖"的管理体系；"数字政府"建设实现创新应用，提高政府业务和决策效率；高速、移动、安全、无处不在的新一代信息基础设施更加完善；数字产业进一步发展，产业数字化进一步深化

续表

省（区、市）	政策/规划	相关内容
新疆	《新疆维吾尔自治区政府工作报告》	2020 年，大力发展数字经济，推进人工智能、工业互联网、物联网等新型基础设施建设，加快新一代信息技术与制造业融合应用。新疆将推动数字经济快速发展，力争实现数字经济增加值 3700 亿元，占地区生产总值比例超过 27%
四川	《四川省人民政府关于加快推进数字经济发展的指导意见》	四川以"数字产业化、产业数字化、数字治理"为发展主线，明确了数字经济发展目标——2022 年全省数字经济总量突破 2 万亿元，成为创新驱动发展的重要力量
贵州	《贵州省数字经济发展规划（2017—2020 年）》	到 2020 年，探索形成数字经济时代特色鲜明的创新发展道路，加快三大产业信息技术融合应用，数字经济发展水平显著提升，数字经济增加值占地区生产总值比例超过 30%
云南	《"数字云南"三年行动计划（2019—2021 年）》征求意见	以国家数字经济发展战略纲要为指导，以我省全面推进数字政府改革建设、数字经济跨越式发展、数字社会深度转型为目标，计划推进 210 个示范项目，预计三年总投资 1033.44 亿元
西藏	《西藏自治区数字经济发展规划（2020—2025 年）》	提出发展电子商务和智慧物流，将引导快递企业积极参与区域数字经济发展，争取相关优惠政策落地

2.4.3　绿色建筑数字化发展政策

1. 粤港澳大湾区

随着《粤港澳大湾区发展规划纲要》的出台，湾区智慧城市建设进入了一个新的重要时期。展望湾区智慧城市群建设发展，硬件基础设施将进一步升级，湾区智慧城镇群共建共享的合作机制将得到加强。

1）信息基础设施建设和升级

粤港澳大湾区将率先在中国建设新一代高速、移动、安全和无处不在的信息基础设施。根据广东省政府的规划，珠三角将加快 IPv6 网络建设，建设高速骨干光纤网络，以 5G 为代表的新一代移动通信网络将在大湾区快速发展。国家支持粤港澳大湾区企业加强对接交流，鼓励香港、澳门推进布局，加快推广 5G 应用。《粤港澳大湾区发展规划纲要》提出要把 5G 培育成为重点战略性新兴产业。

2）政府的科学规划和大力支持

广东广播电视网相关机构提出，到 2022 年底，大湾区要大力铺设光缆线路，提高骨干网络带宽，推广家庭智能网络。

3）合作机制进一步完善

粤港澳大湾区将进一步提高基础设施建设中的联合磋商和互联互通水平，加强信息沟通和议题谈判，大力推进包括信息基础设施在内的基础设施建设"互联互通"。信息共享和连接机制、大数据平台支撑、专业领域智慧设施生态系统等层面和领域的建设将进一步加快。《广东省信息基础设施建设三年行动计划（2018—2020 年）》提出，促进中国香港、澳门大湾区信息基础设施互联互通和资源共享。

4）粤港澳大湾区数字经济产业具有明显的互补优势

广东省拥有坚实的数字经济产业制造基础、丰富的数字应用市场和融合发展空间，产业互联互通指数位居全国第一。中国香港在信息和通信技术、即需即用软件（SaaS）、物联网、数据分析、人工智能、机器人、VR 和 AR 等新兴数字产业方面拥有强大的研发能力，并确立了中国香港作为湾区数字经济研究中心的地位。澳门在集成电路设计和人工智能等新兴产业也拥有国际领先的研发成果。

2. 长三角一体化区域

1）探索长三角一体化战略下的数字化路径

紧扣一体化和高质量两个关键词抓好重点工作，真抓实干、埋头苦干，推动长三角一体化发展不断取得成效。要充分发挥数字经济优势，加快产业数字化、智能化转型，提升产业链供应链稳定性和竞争力，推动长三角区域经济高质量发展。

2）上海对长三角一体化的措施

为落实《长江三角洲区域一体化发展规划纲要》总体要求，推进新一代信息基础设施协同建设，需要在网络规划建设、数据中心布局、物联网协议标准等方面实现协同联动，逐步实现一体化。同时，要把长三角生态绿色一体化发展示范区作为实施长三角一体化发展战略的第一步和突破口。我们要与一体化示范区执委会、江浙两省信息主管部门以及青浦、吴江、嘉善两区一县共同领导两省一市相关运营商牵头编制新一代信息基础设施规划，并在此基础上，推进示范区宽带网络建设，布局智慧应用，为重点产业发展提供基础支撑。

根据生态与绿色一体化发展的要求，信息基础设施规划以集约共建、生态节能、绿色环保为原则，提出了新一代区域信息基础设施的发展目标和任务。

努力提高通信机房、通信管道、公共移动基站等传统信息基础设施的能级，建立和部署新的数据中心、新的城域物联网专用网络等赋能产业和城市管理，探索创新应用示范，如区域信息港高速互联、星地互联设施协同部署等，并对整个一体化示范区信息基础设施建设提出统一实施标准建议。

为进一步贯彻落实《长三角区域一体化发展规划纲要》，进一步发挥上海核心城市功能和引领作用，推动国家战略更好实施，上海发布了《长江三角洲区域一体化发展规划纲要》实施方案。具体内容如下：推进 5G 网络规模部署，建设"双千兆宽带城市"。到 2025 年，5G 网络将在全市实现全覆盖。支持行业龙头企业开展综合应用示范，创建一批 5G 网络建设和应用试验区。构建"城市神经元系统"，赋能"城市大脑"。完善全市互联网数据中心布局，试点周边地区网络互联互通。推动广播电视、网络、有线电视等基础设施全面升级，加大 5G、工业互联网、物联网等新兴领域推广力度，提升网络和应用基础设施 IPv6 承载能力。到 2025 年，上海的网络、应用和终端将全面支持 IPv6。围绕社会治理、民生服务、产业融合等重点领域开展示范应用，开发"互联网＋""智能＋"等新业态。深化工业互联网标识解析国家顶级节点（上海）建设，强化国家新型工业产业示范基地，建设长三角工业互联网平台国家试验区，建立长三角工业互联网创新应用体验中心，发布工业互联网平台和专业服务商推荐目录，培育壮大专业运营商。推动上海电气、上海汽车等企业集团开展安全试点示范。深化国家智能网联汽车试点示范区（上海）建设，在上海 G2 京沪高速和 G60 沪昆高速开展车联网和智能交通设施技术创新试点，组织实施洋山港自动驾驶卡车示范运营项目，探索建立智能网联汽车与产业发展标准一体化测试认证示范体系。

2021 年 1 月 4 日，《关于全面推进上海城市数字化转型的意见》全文出版，意见指出，要坚持全面转型，推动"经济、生活、治理"全面数字化转型；坚持全方位赋能，构建数据驱动数字城市的基本框架；坚持革命性重建，引导全社会建设共治共享的数字城市；创新工作推进机制，科学有序全面推进城市数字化转型。

2020 年 1 月 24 日，上海市第十五届人民代表大会第五次会议上政府工作报告指出，上海正在推进城市数字化转型，加快建设具有世界影响力的国际数字之都，推动经济、生活和治理数字化。

在全面推进城市数字化转型的过程中，如何将"新基建"与"数字经济"发展相结合，使"新基础设施"成为重要的城市公共数字基地，大力支持城市数字化转型，努力打造全球"数字经济"标杆城市。

3. 京津冀区域

2019 年 3 月 13 日，天津市住房和城乡建设委员会在天津组织召开"京津冀工程建设标准协调发展座谈会"。会议强调"以标准为媒介、协同发展、共建共享"，全面贯彻新发展理念、构建新发展格局、推动高质量发展要求，努力打造新时代高质量发展标杆。本次研讨会上，京津冀在被动式建筑、装配式建筑等重点建设项目，以及人行天桥、母婴室等惠民工程等方面，初步确定了 18 项标准纳入京津冀标准联合编制范围。一致讨论通过了《京津冀工程建设标准协同发展战略合作框架协议（征求意见稿）》，明确了京津冀工程建设标准的协同内容、组织形式、编制与管理要求等。在京津冀达成框架协议并开展区域标准协调具有重要意义，这将开创国家工程建设标准领域区域协调的先例。下一步是启动《京津冀工程建设标准协同发展战略合作框架协议》的签署工作，尽快筹备"京津冀工程建筑标准协调发展战略性合作协议签署大会"，加大力度推动三地标准一体化协调发展，服务京津冀协同发展大局。

4. 雄安新区

按照《河北雄安新区规划纲要》《河北雄安新区总体规划（2018—2035 年)》《中共中央 国务院关于支持河北雄安新区全面深化改革和扩大开放的指导意见》《河北雄安新区智能城市建设专项规划》等关于坚持智能城市与物理城市同步规划、同步建设的总体要求，为创造更加宜居、宜业、安全的城市生活，打造良好的营商环境和人居环境，智能感知终端需要与住宅、商业、公共服务配套建筑和其他类型的商业建筑同步建设，以创造安全、绿色、高效、节能、便捷的建筑环境，实现建筑主体状态、建筑环境状态、建筑运营和维护的数字化，引导雄安新区全面感知数据共享与融合。

5. 其他

住房和城乡建设会议提出了 2021 年工作的总体要求和重点任务，包括加快发展"中国建造"、加快智能建筑与新型建筑产业化协调发展、建设建筑业互联网平台，深入实施绿色建筑举措，落实施工单位对工程质量的首要责任，持续开展施工安全专项整治。其中，2021 年绿色建筑数字化事件见表 2-7。

2021 年绿色建筑数字化事件　　　　　　　　表 2-7

时间	部门	事件	主要内容
2 月	住房和城乡建设部	《住房和城乡建设部办公厅关于同意开展智能建造试点的函》	住房和城乡建设部同意将上海市嘉定新城聚源社区 JDC1-0402 单元 05-02 地块项目、佛山市顺德区凤桐花园项目、佛山市顺德区北滘镇南坪路以西地块之一项目、深圳市长圳公共住房及其附属工程总承包（EPC）项目和重庆市美好天赋项目、绿地新里秋月台项目、万科四季花城三期项目列为智能化建造试点项目，聚焦建筑业高质量发展，以数字化、智能化升级为动力，创新突破相关核心技术，加大智能建造在工程建设各方面的应用，提高工程质量安全、效率和质量，尽快探索出一套可复制可推广的智能建造发展模式和实施经验
2 月	国务院	《关于加快建立健全绿色低碳循环发展经济体系的指导意见》	关于建筑业的主要目标：到 2025 年，基础设施的绿色水平将继续提高；到 2035 年，绿色产业规模迈上新台阶，重点产业和产品能源资源利用效率达到国际先进水平，绿色生产生活方式广泛形成，包括完善绿色低碳循环发展的生产体系，提高工业园区和产业集群的循环利用水平，加快基础设施绿色升级，推进城市环境基础设施建设和升级，改善城乡人居环境，在相关空间规划中贯彻绿色发展理念，协调城市发展和安全，优化空间布局
3 月	住房和城乡建设部	《绿色建造技术导则（试行）》	绿色施工的主要技术要求：采用系统的一体化设计、精益生产和施工、一体化装饰，加强新技术的推广应用，整体提高施工方法的产业化水平；结合实际需要，有效利用 BIM、物联网、大数据、云计算、移动通信、区块链、人工智能、机器人等相关技术，整体提升建设手段信息化水平；采用总承包、全过程工程咨询等组织管理方式，促进设计、生产、施工深度协调，整体提高施工管理集约化水平；加强设计、生产、施工、运营全产业链上下游企业的沟通合作，加强专业分工和社会合作，优化资源配置，构建绿色建筑产业链，整体提升建筑过程的产业化水平
3 月	住房和城乡建设部	《关于加强县城绿色低碳建设的意见（征求意见稿）》	通知指出，要大力发展绿色建筑和建筑节能；县城新建建筑一般应符合基本绿色建筑要求，鼓励发展星级绿色建筑；提高全县能源利用效率，大力发展可再生能源，以适应当地资源禀赋和需求；推广清洁能源应用，在北方各县推广清洁取暖，降低传统化石能源在建筑能源中的比例

续表

时间	部门	事件	主要内容
4 月	国家发展和改革委员会	《2021 年新型城镇化和城乡融合发展重点任务》	总体而言，我们将深入实施以人民为中心的新型城镇化战略，推动农业转移人口有序有效融入城市，增强城市群和都市圈承载能力，转变超大城市发展方式，提高城市建设和治理现代化水平，推进以县域为重要载体的城镇化建设，加快城乡一体化发展；加快现代化城市建设，推进市政公共设施智能化升级，建设"城市数据大脑"等数字化智能管理平台，促进数据融合共享，建设低碳绿色城市
4 月	—	《中国建筑业信息化发展报告（2021）》编写工作正式启动	今年的报告聚焦智能建筑，旨在展示当前建筑业的智能实践，探索建筑业的高质量发展路径。中国建筑业正朝着新型工业化转变生产方式，加快智能建筑与新型建筑工业化协调发展，大力发展数字化设计，智能生产、智能施工和智能运维，加快建筑信息模型（BIM）技术研发和应用，建设建筑业互联网平台，完善智能施工标准体系，推动自动化施工机械研发和应用，建筑机器人等设备，开展智能施工试点
4 月	—	国家标准《零碳建筑技术标准》启动会召开	国家标准《零碳建筑技术标准》启动会在中国建筑科学研究院举行。共有 100 人参加了会议，包括来自建筑节能和减碳领域研究、设计、建筑和碳交易相关单位的 30 名编委会成员，以及来自绿色地产、建筑产品和国际机构的特邀代表。该标准的编制团队深入讨论了节能和低碳标准体系之间的关系、与零碳建筑相关的定义和逻辑、绿色电力对零碳建筑的影响、碳交易机制的引入等关键问题
4 月	住房和城乡建设部	《关于启用全国工程质量安全监管信息平台的通知》	全面实施"互联网＋监管"模式，以信息化手段加强住房建设和市政基础设施项目的质量安全监管，大力推进信息共享和业务协作，2021 年 5 月 15 日起正式启动国家工程质量安全监管信息平台，实现跨层次、跨地区、跨部门信息共享和业务协同，切实保障人民群众生命财产安全。该平台集成了工程质量安全监管业务信息系统、国家工程质量安全监督数据中心、工作门户和公共服务门户，供各地免费使用
6 月	住房和城乡建设部	关于印发《城市信息模型（CIM）基础平台技术导则》（修订版）的通知	住房和城乡建设部在总结各地城市信息模型基础平台建设经验的基础上，修订了《城市信息模型基本平台技术导则》，对城市信息模型的基础平台术语定义进行了调整和优化；指定 CIM、BIM、DEM、DOM 名词的标准中英文缩写；对 CIM 基础设施平台的总体架构进行了调整，将服务层详细划分为五个部分；由 CIM 平台整体架构组成的三个系统被改为两个系统；调整 CIM 分类的内容，增加新的 CIM 分类和数据合成部分，删除数据分类和合成、数据存储和更新、数据共享和服务的单独部分；CIM 平台数据的重新分类；调整参考标准列表等
7 月	住房和城乡建设部	《关于发布绿色建筑标识式样的通知》	绿色建筑标识由牡丹叶、长城、星星以及中英文绿色建筑组成，体现了中国绿色建筑最大限度地实现了人与自然的和谐共生。自 2021 年 6 月起，住房和城乡建设部按照《绿色建筑标识管理办法》（建标规〔2021〕1 号），对绿色建筑项目进行了标识，并颁发了绿色建筑标识证书。绿色建筑项目申请单位可以根据不同的应用场景制作自己的绿色建筑标识，分为三星、二星和一星共三类
7 月	住房和城乡建设部	《智能建造与新型建筑工业化协同发展可复制经验做法清单（第一批）》	积极探索数字化设计、智能生产、智能建造等方面，推动智能建造与新型建筑产业化协同发展取得长足进展，提供各地可复制的经验和做法清单，包括发展数字化设计，推进智能生产，推进智能建筑，建设建筑行业互联网平台，研发智能建筑设备（如应用建筑机器人）加强协调和政策支持

续表

时间	部门	事件	主要内容
8月	中国民航局	《推动民航智能建造与建筑工业化协同发展的行动方案》	在机场选址、总体规划、初步设计和施工图设计阶段，综合运用BIM、GIS、仿真等技术，加强设计与施工的衔接。在建设阶段，利用BIM等手段深化设计方案，加强协同设计组织，鼓励使用协同设计平台；推进智慧工地建设，开发推广智能设备，建设综合项目管理平台，探索BIM等数字化手段在招标投标、质量控制、进度管理、计量支付等项目实施中的应用，提高机场建设项目管理效率；大力发展建筑产业化，提高装配式建筑比例；积极推进绿色施工；搭建资源平台，积累可重复使用的知识、技术、产品和大数据，为民航机场项目提供BIM咨询和技术服务
9月	住房和城乡建设部	《建筑节能与可再生能源利用通用规范》和《建筑环境通用规范》	《建筑节能与可再生能源利用通用规范》GB 55015—2021 将于2022年4月1日起实施。新建、扩建、改建和既有建筑节能改造项目的建筑节能和可再生能源建筑应用系统的设计、施工、验收和运行管理必须符合本规范。 《建筑环境通用规范》GB 55016—2021 将于2022年4月1日起实施。新建、改建、扩建民用建筑和工业建筑中辅助办公建筑的声环境、光环境、建筑热工和室内空气质量的设计、检测和验收必须执行本规范
9月	中共中央、国务院	《中共中央 国务院关于完整准确全面贯彻新发展理念做好碳达峰碳中和工作的意见》	到2025年，绿色低碳循环发展的经济体系初步形成；到2030年，重点耗能行业能源利用效率达到国际先进水平；到2060年，绿色低碳循环发展经济体系和清洁、低碳、安全、高效的能源体系全面建成，能源利用效率达到国际先进水平。在产业结构深度调整方面，制定能源、钢铁、有色金属、石化、建材、交通、建筑等行业和领域碳达峰实施方案；坚决遏制高耗能、高排放项目盲目发展；构建绿色制造体系；推动互联网、大数据、人工智能、第五代移动通信（5G）等新兴技术与绿色低碳产业深度融合。在推进城乡建设和管理模式低碳转型方面，在项目建设全过程实施绿色施工，完善建筑拆除管理制度，杜绝大拆大建；大力推进城镇既有建筑和市政基础设施节能改造，提高建筑能效和低碳水平
10月	中共中央、国务院	《关于推动城乡建设绿色发展的意见》	到2025年，城乡建设绿色发展体制机制和政策体系基本建立，建设方式绿色转型成效显著，减碳稳步推进，城市更加一体化、系统化、成长化。到2035年，城乡建设全面实现绿色发展，美丽中国建设目标基本实现。其中包括改变城乡建设发展模式，建设优质绿色建筑，提高城乡基础设施系统化水平，加强城乡历史文化保护传承，实现项目建设全过程绿色建设，推动形成绿色生活方式
10月	国务院	《国务院关于印发2030年前碳达峰行动方案的通知》	到2030年，非化石能源消费比例将达到25%左右，单位GDP二氧化碳排放量将比2005年减少65%以上。2030年碳达峰目标将成功实现。在"十四五"和"十五五"期间，将重点实施"碳达峰十大行动"：能源的绿色低碳转型；节能、减碳和增效行动；工业部门碳达峰行动；城乡建设碳达峰行动；交通运输中的绿色低碳行动；循环经济有助于减少碳排放；绿色低碳科技创新行动；巩固和提高碳封存能力；全民绿色低碳行动；在所有地区采取有序的碳达峰行动

续表

时间	部门	事件	主要内容
11 月	住房和城乡建设部	《关于开展第一批城市更新试点工作的通知》	第一批试点项目将于 2021 年 11 月启动,为期两年。名单包括北京、唐山、呼和浩特、沈阳、南京、苏州、宁波、滁州、铜陵、厦门、南昌、景德镇、烟台、潍坊、黄石、长沙、重庆渝中区、重庆九龙坡区、成都、西安和银川。重点开展以下工作:探索城市更新规划机制;探索城市更新的可持续模式;探索建立城市更新配套制度和政策,深化工程建设项目审批制度改革,优化城市更新项目审批流程,提高审批效率,探索建立城市重建规划、建设、管理、运营、拆除等全生命周期管理体系
11 月	工业和信息化部	《"十四五"工业绿色发展规划》	主要任务包括制定工业碳达峰路线图,明确工业碳减排的实施路径;推动传统产业绿色低碳发展,壮大绿色环保战略性新兴产业,优化重点区域绿色低碳布局;提高清洁能源消费比例,提高能源利用效率;促进原始资源的高效合作利用,促进可再生资源的高价值循环利用;完善绿色设计实施机制,减少危险材料和资源的使用,减少生产过程中的污染排放;增加绿色低碳产品供给,大力发展绿色环保装备,创新绿色服务供给模式;建立绿色低碳基础数据平台,推动数字、智能、绿色技术融合发展
11 月	工业和信息化部	《国家智能制造标准体系建设指南（2021 版)》	为落实《中华人民共和国国民经济和社会发展第十四个五年规划和 2035 年远景目标纲要》和《国家标准化发展纲要》,工业和信息化部、国家标准化管理委员会组织编制了《国家智能制造标准体系建设指南（2021 版)》,继续完善国家智能制造规范体系,指导各细分领域智能制造标准体系建设,充分发挥标准对推动智能制造高质量发展的支撑和引领作用。智能制造基于先进制造技术与新一代信息技术的深度融合,贯穿设计、生产、管理和服务等产品的全生命周期
12 月	住房和城乡建设部	《建筑工程施工发包与承包计价管理办法》（修订征求意见稿)	随着工程造价市场化改革和行政审批制度改革的推进,为推动建筑业高质量发展,加快转型升级,修订《建筑工程施工发包与承包计价管理办法》,形成征求意见稿。主要修改内容是推进工程造价改革,落实国务院关于"放管服"的决策部署,推进建设项目施工结算等其他调整
12 月	住房和城乡建设部	《城市运行管理服务平台技术标准》	本标准适用于城市运营管理服务平台的设计、建设、验收、运营和维护,自 2022 年 1 月 1 日起实施。城市运营管理服务平台以城市运营管理"一网统管"为目标,以城市运营、管理和服务为主要内容,以物联网、大数据、人工智能、5G 移动通信等前沿技术为支撑。具有统筹协调、指挥调度、监测预警、监督考核、综合评价等功能的信息化平台分为国家级、省级和市级平台。各级平台应通过国家电子政务外网实现互联互通、数据交换和业务协作
12 月	18 部门联合	《"十四五"时期"无废城市"建设工作方案》	在约 100 个地级及以上城市推进"无废城市"建设。到 2025 年,"无废城市"固体废物产生强度快速下降,综合利用水平显著提高,无害化处置能力得到有效保障,减污降碳协同效应充分发挥,固体废物管理信息"一网通办"基本实现,"无废物"的理念将得到广泛认可,固体废物处理系统和处理能力显著提高。主要任务:科学编制实施方案,加强顶层设计指导;加快工业绿色低碳发展,减轻工业固体废物处置压力;促进形成绿色低碳的生活方式,减少和回收国内来源的固体废物;加强全过程管理,促进建筑垃圾综合利用

第 **3** 章

绿色数字化新技术和应用

● 3.1　数字化产品及应用

在这个数字经济时代，数字化转型已经成为全球各个国家追求经济发展新动力的主要手段，采用数字化技术已经成为各行各业适应数字经济、寻求生存和发展的必然选择。在建筑领域内，通过新一代数字技术的深入应用，构建一个全面感知、无缝衔接、高度智能的数字孪生建筑，进而通过数字模拟优化现实世界中的建筑，是对传统建筑运行维护管理模式的一次创新和改造，是建筑行业的一次突破性发展。

数字化技术，相对于传统的信息化技术，关键点在于应用不断成熟的人工智能、大数据、云计算等技术，将建筑各设备系统在计算机世界中进行建模和重构，依靠计算机强大的数据处理能力，分析建筑运行维护的优化方案，从而改善现实世界中的运行与维护，实现增加设备效率、降低维护成本的目标。在数字化变革中，技术是推动行业发展的核心动力。

建筑领域内的数字化技术主要分为两个层面，一是数据的采集、传输与存储，二是数据的处理。第一个层面中，数字孪生技术是核心，辅以承担着数据采集功能的物联网技术、数据传输功能的 5G 网络技术、数据存储功能的区块链技术。第二个层面中，数据处理技术包括人工智能技术、大数据技术。本章将分别进行介绍。

3.1.1　数字孪生

数字孪生这个概念最初是 2003 年美国密歇根大学教授 Michael Grieves 提出来的，他将其称作为"物理产品的数字化表达"。而现在对数字孪生的理解为现实世界的实体在虚拟数字世界的镜像，这个镜像不仅能对现实实体虚拟再现，还能模拟其在现实环境中的行为。

1. 数字孪生概念的发展

数字孪生概念在发展历程中随着认识深化经历了三个主要阶段（表 3-1）。

数字孪生概念的发展　　　　　　　　　　　　　　　　　表 3-1

阶段	概念名称	定义对象	特点
一	数字样机概念	数字化产品定义（digital product definition，DPD），通过 DPD 来表达产品的设计信息，构建表征物理客体的数字化模型	限定于产品定义阶段，所以对物理客体的全生命周期信息表达不全面，尤其是制造阶段和服务阶段的定义表达与应用管理问题日益突出
二	狭义数字孪生概念	产品及产品全生命周期的数字化表征	首次在定义对象中明确为产品，在定义内容方面，从产品的设计阶段扩展到产品全生命周期。通过数字样机的概念延伸和扩展，实现对物理产品全生命周期信息的数字化描述，并有效管控产品全生命周期的数据信息
三	广义数字孪生概念	从产品扩展到产品之外的更广泛领域，有学者认为数字孪生是现实世界实体或系统的数字化表现	数字孪生是以数字化方式创建物理实体的虚拟模型，借助数据模拟物理实体在现实环境中的行为，通过虚实交互反馈、数据融合分析、决策迭代优化等手段，为物理实体增加或扩展新的能力

2. 数字孪生对传统领域的影响

数字孪生的应用，将为传统应用系统带来新的活力，并提供新的设计思路和工程模型，以支持正在进行的智慧军工、智慧院的建设。数字孪生将在以下方面带来成效。

1）支撑产品研发制造

数字孪生作为一种支撑性的理论和技术，众多跨国公司进行了探索实践，以支持产品研发、设计、制造、营销和服务。例如，在设计方面，达索公司创建了一个基于数字孪生的 3D 体验平台。在生产制造业，西门子公司建立了基于模型的虚拟企业和基于自动化技术的企业镜像，促进企业进行数字化转型。随着数字孪生技术在工业企业技术产品开发领域的应用，一个虚拟空间被创造出来，这个空间能够连接现有应用和数据，建立与产品需求分析、概念设计、详细设计、工艺设计、仿真分析、生产制造、试验验证、产品交付和运维保障相适应的单一数据源驱动的商业模型，减少传统研制分工带来的数据不统一问题，实现产品研发制造全生命周期的协同创新。

2）促进企业工程和管理的融合

在企业层面上运用数字孪生技术，能够将技术产品研发和运营管理领域的数据按照统一的标准规范进行管理，再利用动态仿真工具进行公司生产和运营活动所涉及要素的建模，如人、财、物及环境等，并根据工程产品和管理业务的需要建立相应的模型，这样就能将模型与数据联系起来，建立新的模型驱动的企业流转模型。基于已建立的模型和它们之间的关系，当数字孪生支撑系统检测到工程或管理活动的任何变化时，它会快速找到相应的受影响环节，并及时完成消息传递，从而触发相关环节，并开展业务活动。这种工作方式动态地创建和维护了产品研发和运营管理业务需要的业务时序，形成数据和信息驱动的工作新模式，取代了传统模式下以任务（或流程）驱动的工作方式，有力支撑工程和管理的融合和再创新，促进了大规模、多样化企业级应用的创新和繁荣。

3）推进高水平智能应用发展

目前，智慧企业、智慧政府、智慧院所、智慧城市等各类智慧项目正在受到关注和推进，这些智慧项目均可视为相应的企业、政府、院所及城市对应的组织数字孪生（DTO），城市数字孪生应用。利用数字孪生技术建立数字空间，再利用数字空间指导物理空间，物理空间与数字空间的链接能够确保两端的数据流动畅通，形成深度感知、万物互联、智能决策、精准控制的新型应用形态。未来，随着企业数字科技不断进步，利用知识自动化、专业分析算法等技术来快速洞察业务运行的内在规律，辅以机器学习等手段实现模型的自主学习和进化，推动应用从数字化、自动化向智能化迈进，逐步构建数据与模型共同驱动的人性化沉浸式应用形态和氛围，推动智慧研发、智慧生产、智慧管理和智慧服务为代表的更生动的智能产业实践。

3. 数字孪生的应用

基于数字孪生驱动的应用基本原则，有学者对数字孪生的应用进行了探索，并分析其与传统（现有）的方法之间的区别，见表3-2。

数字孪生的应用   表 3-2

数字孪生应用	定义	特点
基于数字孪生的产品设计	在产品数字孪生数据的驱动下，利用已有物理产品与虚拟产品在设计中的协同作用，将产品概念转化为详细的产品设计方案	产品设计中驱动方式、数据管理、创新方式、设计方式、交互方式及验证方式均发生转变。基于数字孪生的产品设计更强调通过全生命周期的虚实融合，以及超高拟实度的虚拟仿真模型建立等方法，全面提高设计质量和效率
基于数字孪生的虚拟样机	描述设备的机械系统、电气系统和液压多领域系统，映射物理设备全生命周期	提供分析决策支持设备的设计仿真和预测性维护；设计和模块间的交互提升了机械、电气及液压等多领域复杂耦合仿真和性能分析解耦能力；提高了对设备实体的表述真实度；数字孪生对物理设备运行周期的实时映射能力拓展了虚拟样机的使用周期，实现了对产品功能、性能衰减的预测
基于数字孪生的装配	利用物联网和智能化服务平台及工具，实现装配过程的精确控制和高效管理	相对于传统的装配，数字孪生驱动的产品装配过程由以数字化指导物理装配过程向物理、虚拟装配过程转变，工艺过程由虚拟信息装配工艺过程向虚实结合的装配工艺过程转变，模型数据由理论设计模型数据向实际测量模型数据转变，要素形式由单一工艺要素向多维度工艺要素转变
基于数字孪生的制造能耗管理	通过在实际生产过程中物理车间与虚拟车间的不断交互，实现对物理车间制造能耗的实时调控及优化	调控优化的数据来源不仅包括物理车间多源异构感知数据，还包括虚拟数字车间仿真演化数据；交互方式由传统的平面统计图表显示向基于虚拟增强现实技术的沉浸式交互转变；能量有效生产过程管理由传统的经验指导管理向物理模型驱动数字模型知识演化的物理-信息融合的管理转变

续表

数字孪生应用	定义	特点
基于数字孪生的故障预测与健康管理	利用孪生数据，物理设备和虚拟设备不断映射交互，形成设备健康管理模式，发现故障现象并定位故障环节原因，合理设计并验证维修策略	故障监测的方法从指标的静态比较转变为物理和虚拟设备状态的实时动态互动和整体比较；故障分析的方法从基于物理设备特性的分析转变为基于物理和虚拟设备特性的关联和融合的分析。维修决策方法从基于优化算法的决策转变为基于现实虚拟模型验证的决策；故障预测与状态管理功能从被动分配转变为自主精确维修
基于数字孪生的产品服务系统	通过对各种物理产品和/或服务组合的智能分析和决策、产品和服务的快速个性化配置、快速交付等，通过元素的虚拟和现实同步，实现资源的优化配置和整合，并利用数字信息系统支持复杂产品和服务的智能决策、快速交付、智能服务、价值和生命周期环境分析等	产品服务响应方式由客户响应转向服务商主动服务；服务配置与价值分析方式从主观的人为配置和评价转向精确的实时配置和评价；服务的概念从为自己创造价值转向与客户一起创造价值；过程的管理从传统的服务管理转向远程和综合的实时生命周期管理

3.1.2　物联网

物联网即万物互联，通过信息传感设备实时采集在世界网络中有可被识别的唯一编号，能够被独立寻址的物体或过程的声、光、热、电、力学、位置等各种需要的信息，结合互联网展开信息交换，实现对物体的识别、定位、监控等管理。信息传感设备包括装有智能芯片的传感器、射频识别（RFID）技术、全球定位系统、红外感应器、激光扫描器、气体感应器等各种装置与技术。物联网将真实世界与虚拟世界相连，推动社会迈入智能化数字时代，为进行各种创新、提高效率创造了巨大的机会。

1. 智能制造中的物联网

在制造领域中，可从以下几个方面应用物联网，推动制造行业向智能化转型。一是进行产品优化和用户画像绘制，生产厂商通过产品上安装的传感器与产品建立联系，实时收集产品使用数据，能够更加系统地进行产品分析和优化。在了解用户数据后，厂商能够进行用户画像的绘制，为客户定制个性化商品。二是设备与资产管理，系统通过物联网技术与互联网大数据结合，能够实现设备的远程监控和运维管理，利用大数据分析甚至能进行设备故障预测，提前制定维护计划，减少故障率，提高生产效率。三是智能生产、智能仓储与智能物流，借助射频识别技术进行物品的识别、定位、储存等动态管理。四是供求方服务模式创新，利用物联网与服务的交融实现商业模式创新，企业更有效地预测市场需求，提供更动态、个性化的智能服务、咨询服务、数据服务、物联网金融与保险等新的服务种类。

2. 智能医疗中的物联网

家庭医疗设备利用物联网智能医疗系统，将使用者的医疗数据通过互联网传送到医疗单位，运营商往往还贴心地提供紧急呼叫救助服务、专家咨询服务、终身健康档案管理服务等。智慧医疗服务系统是物联网智慧医疗的重要系统。通过智慧医疗服务系统，把患者、医院、医生三者联系在一起，及时传递患者的医疗信息。通过物联网实现远程诊断和监测，远程监测患者情况能够改善其健康状况，对基于社区的医疗保健和在家养老给予了支持，提高了医疗服务质量，不断提升了医疗质量和卫生服务水平。

3. 智慧城市中的物联网

智慧城市通过物联网技术、设备和传感器的广泛部署，对城市进行数字化管理和安全监控。结合宽带互联网传输数据信息，实时远程监控、存储、管理，处理城市中提供市民服务和基础设施监控的各种活动，如交通管理、街道照明、市民安全和监控等，实现对城市安全的统一监控和统一管理。

3.1.3　5G

2019 年 10 月 31 日，三大运营商公布 5G 商用套餐，并于 11 月 1 日正式上线 5G 商用套餐，这标志着我国正式进入 5G 商用时代。为推进 5G 商用，国家相继出台了系列产业政策。国家发展和改革委员会、工业和信息化部发布包括医疗、教育、电力等垂直领域 7 项 5G 创新应用提升工程，同时提出加快网络部署、丰富应用场景等多项具体措施；多个省份发布 5G 专项建设方案和产业推动的行动计划，各地推动 5G 应用与地方经济融合，加速 5G 产业聚集。2022 年 1 月，工业和信息化部发布的《2021 年通信业统计公报》显示：截至 2021 年底，我国累计建成并开通 5G 基站 142.5 万个，总量占全球 60% 以上，每万人拥有 5G 基站数达到 10.1 个。

但是目前国内 5G 发展仍面临较多困难，如建网运营成本较高、计费机制不完善、应用场景较少等。对于基站站址建设难、进入成本高等问题，一些地区加强资源利用，开展 5G 站点资源开放政策，大力推广智慧灯杆。对于用电成本问题，一些地区推进 5G 基站转供电改直供电，努力降低基站电费。

1. 5G 在工业领域的应用

在工业互联网发展中，任何网络传输误差的存在都将导致业务受到损害。与传统的工业无线通信网络相比，5G 比 4G 实现单位面积移动数据流量增长 100 倍、数据传输速率峰值可达 10Gbps、端到端时延缩短 5 倍、联网设备的数量增加 10~100 倍。建设 5G 高速网络，对工业企业内外网进行升级改造，完成标准体系的构建，引入高可靠、低时延、广覆盖的网络基础设施建设，能够满足各类业务数据的安全、可靠传输需求。

利用 5G 低时延特性，在工业相机中接入 5G 无线网络，能够将拍摄高清照片实时回传至边缘云，依托分布式计算机和智能识别算法完成快速精确分析，发挥 5G 的低时延，将结果及时反馈给自动化控制设备，使零件质量得到有效控制。

利用 5G 广覆盖特性，将分布广泛、零载的人、机器和设备全部连接起来，构建统一的互联网络，帮助制造企业摆脱以往无线网络技术较为混乱的应用状态，推动制造企业迈向万物互联、万物可控的智能制造成熟阶段。

在 5G 技术日渐成熟的背景下，通过实现 5G 与工业互联网的融合发展能够推动工业高质量发展，使工业数字化转型成为现实。结合工业互联网发展需求将 5G 技术运用到业务互联、数字化生产、产业整合等多个领域，能够推动 5G 智慧制造发展，继而使中国制造向高质量方向转变。

2. 5G 在经济发展的应用

我国经济已由高速增长阶段转向高质量发展阶段，正处在转变发展方式、优化经济结构、转换增长动力的攻关期。建设现代化经济体系是跨越关口的迫切要求和我国发展的战略目标。大力发展 5G 技术，能够推动我国在新一轮科技革命和产业变革中抓住机遇，促进经济高质量发展。

5G 将增加各领域在数字化上的投资。中国信息通信研究院预测，2020 年到 2025 年间，5G 网络建设投资累计将达到 1.2 万亿元，拉动垂直行业网络和设备投资 4700 亿元。

5G 将推动业务应用上的创新，同时可以促进消费。中国信息通信研究院预测，2020 年至 2025 年 5G 将直接带动信息消费 8.2 万亿元，其中智能手机、可穿戴设备等新型信息产品的升级换代将带来 4.3 万亿元的消费空间。"宅经济"能够激发新的消费需求，促进 8K 视频、虚拟现实教育系统等数字内容服务推广，给消费者带来全新的信息消费体验，推动信息消费的扩大和升级。

5G 将增进民生福祉建设。5G 将促进在线课堂、远程医疗、智慧养老等新模式发展，走进千家万户，促进公共服务建设。中国信息通信研究院预测，2020 年至 2025 年 5G 将创造 300 万个以上的直接就业岗位。

3.1.4　区块链

区块链技术为去中心化的数据库，即分布式数据库，是一种集体维护可靠数据的分布式账簿系统。区块链的核心技术包括点对点传输（P2P）、时间戳、哈希加密算法、共识机制、智能合约等。

1. 区块链的提出

区块链系统由节点构成，节点记录着系统运行的数据，系统运行依赖于节点的认证，即一种人人参与其中的集体系统。区块链系统上每个节点的权利和义务均等，任意节点的损坏或退出，不影响整个区块链系统的运行。区块链上的信息具有高度透明性和稳定性的特征，除了交易各方的私密信息不可见外，区块链上的数据信息都是对所有方公开可查询的。当数据按照协议上传后就会被系统永久储存，在未获得 51% 以上节点同意的情况下，单个节点对数据库的修改是无效的，即保证了稳定性。区块链技术还具有匿名性，区块链上的交易是按照固定的算法和程序执行的，不再对交易各方的身份进行验证。

同时，区块链上每个区块在生成时，都记录了交易时间信息，能够实现区块按照时间信息有序排列，快速进行信息溯源。

由区块链的去中心化、去信任、可追踪性等特征，金融、管理、工业等领域专家均着手进行区块链技术的研究，全世界至少有46个国家已经开始发展区块链技术，其中荷兰、美国、英国、俄罗斯等国走在前列。我国也在积极开展区块链技术的研发。2016年国务院把区块链技术纳入了《"十三五"国家信息化规划》，"区块链＋"上升至国家战略受到各行各业的高度关注。2019年1月10日，国家互联网信息办公室发布《区块链信息服务管理规定》，区块链技术已逐渐成为社会关注的焦点。

2. "区块链＋生产"的应用模式

在生产制造领域应用区块链技术，构建供应商、制造商、物流商、分销商以及消费者等所有参与者在内的共享"区块链＋生产"平台。这个平台能够记录生产制造全生命周期产生的所有信息，从原料采购、产品设计与研发、生产制造、物流服务再到分销零售等一切环节的数据都将通过共识机制上传至区块链系统，形成可证可溯的具有价值属性的数字化生产平台。为更好促进企业向绿色生产转型，"区块链＋生产"平台运用溯源机制、智能合约机制、P2P机制、数字化双胞胎机制四种机制，降低信息不对称与交易成本，改变了传统的生产模式，纠正企业生产中外部性行为的成本和收益，进而充分发挥市场机制的力量。

区块链在生产上的应用刚刚起步，多家科技公司正在开展区块链技术的开发与应用。IBM、微软Azure、AWS等互联网公司极力推广区块链应用的基础设施。2017年，Cisco公司提出用区块链技术登记设备标识，SAP公司发布的Leonardo生态系统能够提供区块链云服务，整合了机器学习、物联网等前沿科技。

3. 区块链产业的突破

目前，区块链技术的应用大多仍集中在金融领域，还处于一个初级发展阶段，需要从技术、场景和商业这三方面进行不断突破创新。从技术角度来看，要加强区块链应用领域复合型人才的培养，现在的区块链系统仍受到种类有限的共识机制和容量有限的区块限制，分布式系统缺乏有效的调整机制，区块链的数据库系统不成熟，这些问题亟待解决。从场景角度来看，要不断强化区块链技术与各类应用场景的紧密结合，推进区块链技术在供应链、生产、能源等领域的应用。从商业角度来看，要促进部门机构之间的协调与合作，尝试在政府和市场之间搭建政策传递和信息反馈的桥梁，深化政府与企业之间的多层次合作机制，促进产业链上下游环节的联系与合作，加快产业整体的商业化进程，带动产业的良性发展。

区块链技术作为新兴技术，利用其建设基础设施是一大趋势，也可以利用基于区块链的基础设施支持其他基础设施，如域名、标识、法币、电力、5G等，推动数字经济发展和网络强国建设，构建多方共治、公平可信、智能运作的数字经济空间。

3.1.5 人工智能

《韦氏词典》中将人工智能定义为计算机科学的一个分支，研究计算机对于智能行为的模仿，提高机器模仿人类行为的能力。人工智能算法能够强化对于数据得到分析理解和学习的能力，与物联网系统相结合时，人工智能能够对数据库中的信息进行解构理解，有利于企业制定合理决策。

在医疗、工业、农业、金融、商业、教育、政府、公共安全等领域中已有人工智能技术的初步应用。在不同行业中，人工智能的应用场景和呈现形式有所不同，相信在未来，随着各行业中不断深入运用人工智能技术，人类社会的生活质量和经济水平将大大提升。在人工智能推动社会进步的同时，其自身的机器学习能力也在不断增强，伴随着其他新兴科技、应用场景、细分行业的融合，人工智能将激发出无穷的创新潜力。

1. 人工智能在信息通信行业的应用

在国内外信息通信行业中，基于人工智能的网络智慧运营不断受到关注。国内华为、中兴等企业展开了利用 AI、大数据和云计算等科技的智能网络运维解决方案的研究，积极探索网络运维智能化转型。中国移动自主研发的"九天"人工智能创新平台能够提供从基础设施到核心能力的开放 AI 服务，能够满足网络、服务、市场、安全和管理等场景的智能化应用需求。广东移动联合中国移动设计院、华为、诺基亚等企业研发设计了基于三维仿真的 4G/5G 无线网络智能规划调度系统，利用自研算法模型解决网络覆盖和容量规划优化问题，实现站点智能选址、载波自动调度等。

2. 人工智能在金融行业的应用

在金融行业中人工智能技术能充分发挥其数据分析和模型预测功能，国内外各科技公司均在金融领域投入了大量资源，取得了一系列成果。阿里巴巴集团的蚂蚁保险、花呗、借呗、芝麻信用等服务通过人工智能技术降低了虚假交易率，证件审核时间从 1 天降到 1 秒，用户服务也以智能客服为主，人工客服为辅，随着机器深入学习，机器人回答准确率由 67% 提高到 80% 以上。国内另一科技公司——京东集团研发的莎士比亚人工智能系统能够在 1 秒内为特定商品生成上千条推荐文案，京东人工智能开放平台 NeuHub 面向零售和零售基础设施领域，向各个行业场景提供了一个 AI 开发工具平台，满足了人工智能开发与应用需求。国外亚马逊公司开发的 AI 金融助手可以集成到各类通信程序中，提供会话式银行业务、财务管理、金融业务支持等功能。谷歌公司与多家公司联合建立智慧实验室，研发系列人工智能产品，如自动审核应用的 Google Play Protect，智能推荐旅行行程的 Google Trips 等，减轻了人工服务量，提升了工作效率。

3. 人工智能在教育行业的应用

人工智能技术在教育行业中的运用将推动教育模式的变革。运用人工智能技术因材施教，为学生们提供适合他们学习状况的学习资源和教材，帮助老师们重新组织教育材料。当人工智能技术进一步迭代升级后，教材（课程）专家甚至可以利用其为学生们进行用户画像，个性化定制编写资料。在教育行业，人工智能技术颠覆了传统的静态教育模式，利用成熟的视觉技术展示教学材料及过程，可以像名师教学那样在教育过程中穿插丰富多样的呈现形式和内容表现，使教育过程变得灵活、富有感染力，不再机械地展示页面、文章、文字或者视频。从教育环境来看，人工智能可以从师生的生理状态出发，为师生提供适宜的教育环境和教育要素，及时干预和扼杀不良问题。人工智能还可以在教育评估环节中使用，节省人员评估的精力和时间，这种实时监测评估系统能够对学生进行个性化评估，学生能够及时得到意见进而查漏补缺。

3.1.6 大数据

麦肯锡全球研究所对大数据的定义为一种规模大到在获取、存储、管理、分析方面大大超出了传统数据库软件工具能力范围的数据集合，具有海量的数据规模、快速的数据流转、多样的数据类型和价值密度低四大特征。研究机构 Gartner 认为大数据需要全新的处理模式才能具有更强的决策力、洞察发现力和流程优化能力来适应海量、高增长率和多样化的信息资产。通过对这些富含意义的数据进行专业化处理，来实现数据信息的增值。

1. 大数据的应用

企业通过大数据能够更了解消费者的需求，在人工智能等科技工具的支持下将消费者的潜在需求转化为真实需求。比如，消费平台通过大数据处理为顾客提供"购买此商品的顾客也买了"等信息，这种针对性、个性化的推荐能够挖掘客户的潜在需求，拉动消费。从更深层次来看，消费者购买产品（服务）不仅是为了产品本身，更是为了获得使用产品带来的价值。通过大数据和数字科技手段分析，企业能够更深入了解消费者的真正需求，从而创造新的产品价值、提高销量。比如，全球第二大食品公司卡夫通过对大数据信息的内容分析，发现消费者的深层次需求是健康、素食和安全，其中，孕妇所需的叶酸备受关注。基于大数据分析的结果，卡夫推出了面向孕妇消费者市场的商品，创造了新的产品需求。

2. 大数据产业和平台的发展

数字化时代，"数据＋平台"的模式推动了区域创新。大数据应用创新较大数据技术本身创新更为重要，能够推进区域创新向全域立体的区域创新升级。同时"互联网＋"的发展促进物联网、服务互联网、产业互联网、企业互联网快速建立，使各领域与各创新主体有了密切的联系，辅以"数据＋算法＋产品（服务）"的运作方式，创新链条上相关区域创新主体的链接更加紧密。通过大数据的信息分析、预测等，各创新主体可调整原有关联关系，或是建立新的链接，创造新供给需求等。根据大数据"两纵三横"的产业框架，欠发达地区可先易后难，通过区域各自产业布局并吸引数字技术人才进入，不断推动数字化应用生态发展形成，促进技术创新。

　　大数据时代的平台是区域创新的组织载体，这个平台并非是国家实验室之类的物理平台，而是指融合化、智能化和智慧化的云平台。这类云平台由软件和各类"云"衍生的新生态系统组成，能够通信或交易信息服务及产业组织。平台能够做到大数据信息精确匹配、定向营销等，带动产业创新发展。例如，国内的电子商务平台、移动支付平台、共享单车平台等将现实世界的关系转移到网络平台，直接改变了沟通、交易、消费和思维方式，加速了信息的流动和思想的互动，推动整个产业的模式创新和转型。这种模式最初的例子包括腾讯的微信等社交媒体平台及淘宝网等电子商务平台，这种新模式注重开放、协作和分享，开源的方式减少了产业科技创新的障碍，加速了创新成果的应用和实施，吸引越来越多的人才参与合作创新。

3.1.7　数据中心

　　在数字技术、智慧技术和互联网技术快速发展的大背景下，数据中心又一次进入大规模扩张期，以推进大数据、云计算、人工智能等新技术与传统实体经济的融合，成为产业升级的突破点、经济发展的新动力。也因此，数字化技术需要依托数据中心，数字经济发展的速度与高度依赖于数据中心的建设规模和质量。2020 年底，我国数据中心机柜总数达到 315.91 万架；2021 年，我国新增数据中心机柜 99.15 万架，增长 31.4%。各地区新增数据中心机柜占比见表 3-3。

各地区新增数据中心机柜占比　　　　　　　　　　　　　表 3-3

地区	占比（%）
东北	1
华北	28
华东	25
华南	22
华中	6
西北	5
西南	13

　　各地区现存数据中心机柜占比见表 3-4。

各地区现存数据中心机柜占比　　　　　　　　　　　　　表 3-4

地区	占比（%）
东北	2
华北	26
华东	29
华南	24
华中	6
西北	3
西南	10

2016～2021 年全国数据中心机柜年度总量见表 3-5。

2016～2021 年全国数据中心机柜年度总量　　　　　　　　表 3-5

年份	总量（万架）
2016	124
2017	166
2018	210
2019	227
2020	316
2021	415

尽管数据中心的数量正在蓬勃发展，但上架率数据却不容乐观，各地区数据中心机柜上架率见表 3-6。用户往往找不到适合自身需求的机柜，与数据中心方存在供需不对等的矛盾，尽管行业规模巨大，处于"供不应求"的状态，但数据中心的建设仍需充分调研客户需求。

各地区数据中心机柜上架率　　　　　　　　表 3-6

地区	上架率（%）
东北	36.33
华北	65.93
华东	67.61
华南	66.65
华中	39.30
西北	33.90
西南	40.80

从宏观层面上，土地资源和电力资源更充裕的中西部地区，更适合建设数据中心，从上述表格也可以看出，国家政策上更支持中西部地区的数据中心建设，但也因此种供应与需求在地理位置上的隔阂，导致了供需矛盾。尤其是考虑到数据传输的时延，较远距离的数据中心难以满足自动驾驶等要求较高的数字化产业，进而使得数据中心的租金也存在较大差异。一线城市周边地区的机柜租金，比一线城市低 20%～30%，而中西部地区则低约 50%。

2021 年 5 月 24 日，由国家发展和改革委员会、中央网信办、工业和信息化部、国家能源局印发的《全国一体化大数据中心协同创新体系算力枢纽实施方案》明确提出布局全国一体化算力网络国家枢纽节点，启动实施"东数西算"工程，构建国家算力网络体系。一是集约化，围绕一线城市的周边地区打造高性能数据中心；二是规模化，通过转入中西部地区建设数据中心集群；三是绿色化，强化节能降耗要求。未来，数字化技术的硬件基础——数据中心的建设，将更为成熟，以支撑数字经济的蓬勃发展。

●3.2　建筑行业数字化产品及应用

目前，建筑行业的数字化转型正在如火如荼地进行中，应用数字化技术的项目也如雨后春笋般不断涌现。尽管数字化技术及其应用仍处于发展期，但初步的应用中，已然表现出巨大的降本增效潜力。

建筑领域的对象错综复杂，按照宏观的建筑功能进行分类，可分为商场及办公楼、住宅、特殊用途建筑。本章将按顺序，分别介绍数字化技术在办公楼、住宅、能源中心、数据中心中的各种应用场景，以及所要解决的关键问题。

办公楼的数字化技术应用，包括涉及建筑内车辆管理的停车场运维数字化、充电桩运维数字化，以及作为车辆未来发展方向的无人驾驶技术；涉及人员进出管理的无感通行、体温健康监测、智能云视频监控安防技术；涉及建筑内人员日常办公管理的智慧办公数字化，以及保证办公环境的健康环境数字化技术；涉及建筑设备系统管理的设备设施管理、消防物联网、能耗监管数字化、绿色建筑动态评估技术。

住宅中，目前很少存在集中式的设备系统，因此数字化技术的应用主要针对住宅中的各种电器，因此将在智能家居一节中介绍。而在未来社区一节中，将会介绍当数字化技术与住宅充分融合后，整个居住社区所应具备的功能。

能源中心的数字化技术应用，将在中央能源中心一节中进行介绍。数据中心的数字化技术应用，将在绿色数据中心一节中进行介绍。

3.2.1　停车场智慧运维管理

停车场，作为现代城市生活必不可少的组成部分，是城市发展建设的重要组成部分。随着国内机动车保有量的快速增加，"停车难"逐步成为日益严峻的问题。根据国开联研究中心《智慧停车行业投资价值与未来趋势研究报告（2019 年版）》，我国大城市的私家车与停车位的平均比例约为 1∶0.8，中小城市约为 1∶0.5。国际上一般要求每辆车有1.4 个泊位，而考虑到具体国情，我国对于城市车位的要求也达到了每辆车 1.2 个泊位。在人口较为聚集的大中型城市，一直存在着现有停车设施配比偏低以及停车资源分布不合理的问题，而且随着经济的发展，停车场设施供应量的增加速度并不能追上私家车保有量的增速，使得停车场设施始终难以满足市民需求，困扰了城市居民的出行。研究发现，撇开停车场设施供应量不足的问题，还存在着现有停车场设施整体利用率不高等问题，面临着时间及空间上的供需矛盾。办公楼停车场在上班高峰期面临巨大压力，居民小区则是夜间车位难求，如何提升两者在其余时间内的利用率也就自然而然成为解决停车问题的一大方案。

所谓智慧停车，也即将无线通信技术、移动终端技术、GPS 定位技术、GIS 技术等综合应用于城市停车位的采集、管理、查询、预订与导航服务，实现停车位资源的实时更新、查询、预订与导航服务一体化。从城市停车设施运营角度，目标是实现数字化云平台管理；从城市汽车出行角度，则是可通过云平台实现停车位精准预知与引导；智慧停车特征如图 3-1 所示，停车场发展阶段如图 3-2 所示。

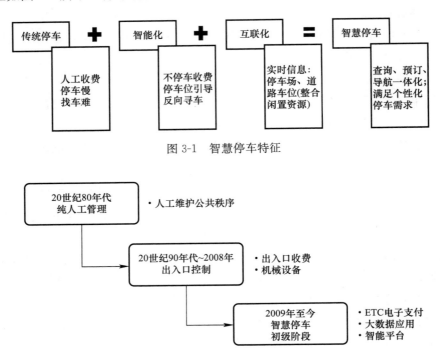

图 3-1　智慧停车特征

图 3-2　停车场发展阶段

目前，随着立体停车场等新型停车基础设施的出现，以及政府对老旧小区改造以增加停车位数量，都在逐步解决停车位整体数量上的窘境。然而，车位数量上升并不意味着车位使用率的上升，据统计（表 3-7），部分城市车位使用率仍偏低。

部分城市车位使用率（2017 年 8 月）　　　　　　　　　表 3-7

城市	车位使用率（%）
深圳	55
北京	49
广州	48
重庆	48
上海	40
苏州	40
成都	38

故而，有必要提高停车场的整体利用率，相关解决方案则是主要聚焦于采用数字化技术，努力实现停车场运维的数字化，也即通常所说的智慧停车。其所包含的功能，一

是车牌识别以及无人值守,也即通过附带自动识别车牌功能的监控器网络,保证停车场内安全的同时,自动记录每辆车的停留时间并作为收费依据,相比传统的人员看管以及人员记录停车时间的方法,该功能在节省人力方面已经得到了实践的检验。未来,随着监控技术的进一步发展,城市道路上的公共停车泊位也将开启全自动识别时代,自动感应车辆,并且承担时间记录以及收费工作。二是车位导航功能以及反向寻车功能,智慧化的停车场已经建立成熟的车位模型,每当车辆进入或离开时能够自行判断哪个车位空置,并引导车辆前往该车位;相类似,当车主准备离开时,也能够引导车主前往相应的停车位。三是电子支付功能,它不仅仅是方便客户的支付过程,也是在减少车辆的进场、离场时间,防止车辆在停车场内或者在其外的道路上排队,从而减少交通压力。

很多城市也开始推出智慧停车系统,以引导市民找到附近空余的停车位。这一系统基于停车数据管理平台,通常由政府主导下联合各个停车场,平台会自动采集和管理各停车位的状态,并提供市民查询甚至预订车位,同时提供导航功能。智慧停车系统的推出,相信能有效解决同一区域内部分停车场爆满而其他停车场空闲的情况,提高整体利用率,也真正方便了市民的出行。未来,随着更多的市民出行数据被采集,基于出行规律决策停车场布置以及停车资源调度也将逐步成为现实,智慧化的停车场将不再局限于每个停车场本身。与此同时,新能源汽车的出现,也意味着越来越多车主需要搜寻带充电桩的停车位,很大程度上依赖于这一智慧停车云平台。总体来说,智慧化停车云平台包含内容如图 3-3 所示。

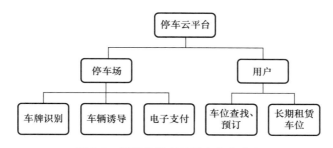

图 3-3　智慧化停车云平台包含内容

3.2.2　充电桩运维数字化

近年来,我国新能源汽车,尤其是电动汽车的保有量大幅增加,作为一种环保型的交通工具,电动汽车能有效缓解城市现存的汽车尾气污染问题,同时降低我国对于石油的依赖度。但是,不同于汽油车的加油站加油模式,电动汽车必须花费较长的时间,停留在固定的充电桩上补充所需能源;而在目前电动汽车逐步普及的年代,充电站或充电桩等基础设施的建设仍然未能跟上电动汽车的发展速度,使得车主普遍遭遇充电难的问题。有部分纯电动的车型甚至会在后备厢里配备一台小型汽油发电机,防止突发情况下没电而导致的尴尬局面。当然,随着这一行业的不断发展,汽油与电力混合动力汽车,或者是前述的小型汽油发电机作为备用手段等方法并非长久之计，未来仍要大力发展充电桩的建设，不仅仅是保证充电桩的数量，同时也是保证充电桩的运行能够满足客户、管理人员的需求。

我国公共充电桩保有量发展情况见表 3-8，部分地区公共充电桩数量（2020 年）见表 3-9。

我国公共充电桩保有量发展情况　　　　　　　　　　　　　　　表 3-8

年份	充电桩保有量（万台）
2015	5.8
2016	14.9
2017	24.0
2018	38.7
2019	51.6
2020	80.7

部分地区公共充电桩数量（2020 年）　　　　　　　　　　　　表 3-9

地区	充电桩数量（台）
广东	65270
江苏	62290
北京	57550
上海	59270
浙江	55900
山东	48400
河北	31600
福建	21590
四川	23690

目前，市面上充电桩的品牌众多，慢充交流式、快充直流式等各种款式应有尽有，所使用的软件程序也各异，但其与电动汽车的硬件接口却是完全相同的。随着数字化技术的发展，各类云平台的相继建立，充电桩行业的相关人员也希望充电桩能够做到互联互通，即不同品牌充电桩可以用同一套软件或者 App 系统进行信息交互和计量收费。从客户角度来说，希望充电桩能够提供支付宝或者微信小程序，这样简简单单扫个码即可完成充电桩的启用及付费功能，大大降低了客户使用充电桩的难度；另外，客户也需要各种地图软件引导他们找到闲置的充电桩。从充电桩管理人员的角度，则希望实现数字化运维模式，即将不同品牌不同型号的充电桩集成管理。在一个云平台上可以远程监控充电桩信息，包括充电桩是否正在使用，使用过程中是否遵守安全规范，充电桩是否出现故障需要维护等。考虑到充电桩，尤其是高压快充直流式充电桩确实存在着一定的触电危险性，对于其是否被安全使用的监控是非常有必要的，因而通过培训充电桩管理人

员并让他们指导和监督客户正规使用充电桩，是充电桩正常运行的重要一环。管理人员也需要配备可同时监视充电桩状态及附近视频信息的远程信息交互平台，同时监控大范围的多个设备。

除此之外，充电桩对于电网的优化运行同样有着重要的意义。在电力行业内，电动汽车入网技术（Vehicle-to-Grid，V2G）便是基于电动汽车实现电网削峰填谷的技术。其原理便是利用电动汽车内的电池，在电力负荷较低的低谷时期存储电力，在高峰时期放出电力，进而减小电网源头各发电公司所面临的压力，增强电网供电电压的稳定性，并且防止电动汽车对电网的冲击，具有极其庞大的经济价值。但是，为实现这一目标，需要在国家 ⋯⋯ 的充电桩设备进行统筹管理，即需要建设一个更大规模的 ⋯⋯ 未来，相信会有更多充电桩实现互联互通，电动汽车的 ⋯⋯ 等方面的价值也会更加凸显。

3.2.

无人 ⋯⋯ 方式，而国内的无人驾驶汽车也已经在雄安新区、深圳等地 ⋯⋯ 即不需要人为控制即可自动驾驶的汽车，相比传统的人员 ⋯⋯ 统具有更好的安全性和智能性，并且可以合理规划线路 ⋯⋯ 的堵车情况，是未来汽车的重要发展方向。相关学者相信 ⋯⋯ 事故的发生，向上班族提供通勤过程中的自由时间，方便 ⋯⋯ 行，而不是限定于可以使用驾照的规定人群。但是无人驾 ⋯⋯ 环境恶劣的偏远地区，出现交通事故时警察也难以判断 ⋯⋯ 决。

无 ⋯⋯ 认知系统、计算平台、定位测绘、决策系统、行驶控制 ⋯⋯ 面。首先，无人驾驶汽车需要对周边环境有一个正确的了 ⋯⋯ 测距、GPS、陀螺仪等确定周边环境及车辆运行状况，包 ⋯⋯ 域以及自身速度等。目前，碍于成本等原因，无人驾驶的 ⋯⋯ 技术，但其受周边环境的复杂程度影响较大，仅适合固定 ⋯⋯ 车配备了极其完善的激光雷达等精确测试技术，已通过了 ⋯⋯ 数据处理方面，无人驾驶汽车主要依赖其认知系统，将 ⋯⋯ 判断可以行驶的区域并作为决策的基础。而决策系统则 ⋯⋯ 己的路径规划，避开障碍保证安全，根据具体实际情况以 ⋯⋯ 控制和执行阶段，则是将决策转化为车辆硬件设备的 ⋯⋯ 制车辆方向，并且控制过程也要考虑车辆行驶的稳定 ⋯⋯ 过大的加速度变化而产生不适感。而云平台的搭建，则是 ⋯⋯ 赖于人工智能技术，因而需要大量的样本用于计算，云平台可以获取大量样本从而快速发展无人驾驶系统；另外，云平台也可以向无人驾驶汽车提供城市层面上的道路通行状况以及高精度地图，协助决策优化线路，避免堵车。

2021 年上汽集团实现了智己汽车、飞凡汽车、L4 级 Robotaxi、L4 级洋山港智能重卡四大智能驾驶战略项目的推进，其中"5G＋L4 级"智能驾驶更是早在 2019 年即顺利完成全球首次试点示范。

3.2.4　无感通行

无感通行，有时也被称为"刷脸开门"，即不再通过刷卡进出闸机，而是通过人脸识别的方式进出。无感通行系统先是由高清摄像头以非配合方式抓拍人脸，再经由服务器通过人脸识别算法进行比对，比对成功后方可开门。目前，无感通行技术在办公楼、小区、学校等场所已经经过了实践的检验。由于出入人员较为固定，所需建立的人脸数据库较小，对比算法的计算速度也相应较快，使得采用无感通行出入方式的人员通过速度要快于传统刷卡式出入。虽然从硬件设备角度来说，读卡器的响应速度明显快于人脸识别系统，但是在刷卡式闸机的实际使用过程中，出入人员通常需要花费大量时间找寻门禁卡，甚至时常会出现卡片丢失的现象，无形中增加了通行时间。而人脸识别不再需要出入人员持有专门的硬件设备，对于管理人员来说可能更麻烦，但确实明显方便了进出人员。另外，人脸识别可以确定进出人员是否已经登记，防止外来人员在未登记的情况下利用门禁卡进入大楼；如果进入人员是在楼内人员的陪同下尚且还好，但如果是不法分子因各种手段获得门禁卡后私自进入，造成的后果不可想象；而人脸识别系统精确定位到个人而非硬件设备，显著地增强了安全性。无感通行流程如图 3-4 所示。

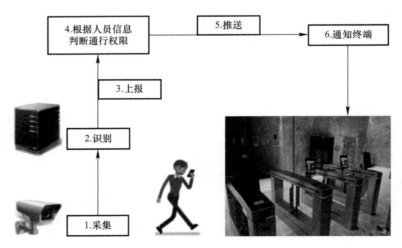

图 3-4　无感通行流程图

鉴于无感通行系统在各行各业的成功应用，已有相关研究人员想将其应用在诸如地铁闸机甚至高速收费站等领域，以期提升出行和管理的智能化与高效化。在地铁进出站的试点应用中，人脸买票以及人脸进站已经获得了很多乘客的认可。这种非接触方式的进出站，能够杜绝因硬件介质造成的交叉病菌传染，大幅度提高公共交通的安全性；但是，大面积推广中仍然面临着公共交通出入人员数量较多，所需建立的人脸识别数据库过大，解决识别算法响应速度等问题；但与此同时，公共交通的人脸识别系统有助于识别犯罪嫌疑人，提升公共区域的安全程度，是一个真正惠及民生的系统。而在高速收费站的应用中，无感通行则从传统的人脸识别变为了"车辆识别"，通过高速行驶车辆识别系统与手机移动支付功能，实现高速车辆在不停车情况下通过收费站，从而真正防止因收费所导致的高速堵车现象，加快通行速度。而现行的 ETC 系统虽然已经较为方便，但相比传统人工收费，其效率提升也仅仅只有 60%，远不如无感通行的效率。

2021 年 11 月，全国首个"无感通行收费站"在广州机场高速公路投入使用，该收费站在传统 ETC 收费站的基础上，增设车辆号牌识别和无感扣费，不设置收费杆，车辆时速最高 80km 下亦可完成识别与收费功能，从而大幅度提升通行效率，每条车道每日可节约 2.75h 的收费时间。

3.2.5 体温健康监测

作为判断身体状况的一个主要生理指标，体温监测早已成为诊断临床疾病的一大重要方式。各类体温计也不局限于医院使用，并且从传统的水银、酒精等接触式温度计，逐步演变为基于红外测温技术的非接触式测温计，使得测量体温的速度与方便程度大幅增加，也避免了交叉感染的可能性。

随着体温测试技术的发展，体温测试探头的体积也越变越小，目前市场上已有可以较为准确测量体温的腕表型设备，经实测检验其误差值都在 ±0.1℃ 内，满足实际需求。同时，腕表配置有无线传输模块，在发现体温异常值后可以向监测平台发送预警信号，从而在萌芽阶段发现可能的病例并及时控制。对于体温异常值的判断，监测平台亦可基于环境温度确定阈值，并根据实时测试的体温的升高速度判断是否由运动、所处环境变化或者疾病所导致的体温变化，从而精准判断异常情况，克服了由安保人员等非医学专业人士进行判断所导致的偏差。健康管理平台信息登记如图 3-5 所示，云平台功能如图 3-6 所示。

3.2.6 智能云视频监控安防

基于视频监控技术的区域安防，已经在交通、银行、居民区等各行各业中有了成熟的应用。但是，传统的视频监控方法仅以采集实时画面、录制视频为主，虽然使得安防人员可以随时监控区域内各处的情况，但是未能对所存储的视频数据进行分析，使得真正出现问题时，调取视频和分析情况存在巨大的难度。碍于此，虽然国内的监控网络建设已经颇具规模，但当真的想要通过其去调查案件或者找寻失物时，则需要大量人力反复查看视频找寻线索，或者对解决问题基本没有帮助。而随着数字化技术的不断发展，新时代智能云视频监控安防将以自动识别与处理视频信息为基础，实现视频信息的自动判断，使得安防系统不再只是实时监视，而是能够协助处理各类问题，实现真正的高效监督。

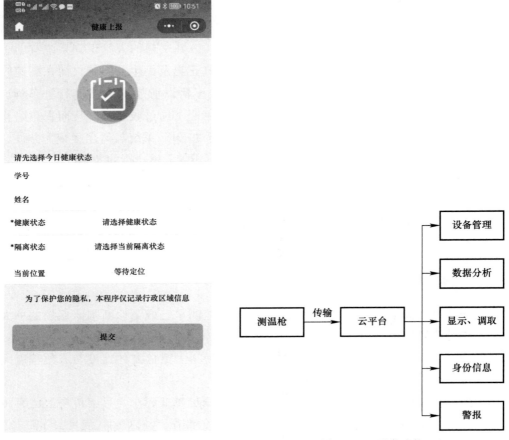

图 3-5　健康管理平台信息登记　　　　图 3-6　云平台功能

　　智能视频监控通常以 5G 网络为基础，原因在于 5G 网络可以实现超低时延通信以及超高传输速率，使视频监控不再局限于低清晰度的码率，而是可以确实获得能够分辨具体信息的高质量监控视频。而传统系统的监控摄像头，其分辨率通常不低，但碍于传输网络带宽限制，不得不先压缩再传输，进而导致图像较为模糊，最终导致所存储的视频通常并不能协助相关人员分辨具体信息。

　　未来，智能安防系统将会配备自动分析系统，基本功能包括人脸识别、人员行动轨迹识别、车牌识别等。人脸和车牌的识别主要是用于分辨进出该区域的人员及车辆，从而实时决定是否开放进入权限。而人员行动轨迹识别是一个阶段性的信息，在行动发生的同时并不能起到直接作用；但一旦发现行动轨迹异常，便可以快速响应预警机制，对相关人员进行提醒。目前相关研究中已经基于视频信息分析功能，实现了区域人员数量限定、人员安全检测等功能。基于自动分析功能，系统可以自行判定人员是否入侵不允许进入的场所，是否在较危险区域奔跑或进行其他危险行为，并且直接对此提出警告。另外，由于系统已经对视频信息进行处理，当安防人员因为各种原因需要调取视频时，系统也可以通过人脸识别技术定位到某一个人行动轨迹的相关视频，从而方便安防人员分析，不仅可以协助防范可疑人员，也可以协助找寻失物，并进一步演化出物品丢失检测功能。图 3-7 为视频监控系统发展历程。

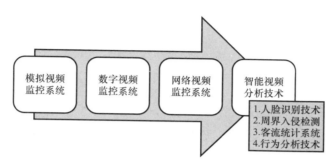

图 3-7　视频监控系统发展历程

图 3-8 为视频监控云平台案例，该案例中，监控分布地域较为散乱，因而统筹管理视频信息存在较大困难，云平台大幅度降低了调取和管理监控视频信息所需的时间。

图 3-8　视频监控云平台案例

3.2.7　智慧办公数字化

所谓智慧办公数字化，既包括各单位内部办公审批流程的数字化，也包括政府、自来水公司等服务型单位向人民提供的数字化政务平台。而办公数字化的目标，便是提升处理办公事务的效率。在电子化代替无纸化的过程中，避免相关人员携带纸张四处奔波，防止因审批领导出差导致办公事务被迫延期，移动化的审批方式使得相关人员不论身处何地、不论繁忙或者空闲，都可以简单几步完成审批工作；另外，减少纸张的使用也是在对环保作出贡献。而随着智能终端的普及，使得移动化平台随时随地使用成为可能，在数字化办公平台建设较为成熟的部分大型企业中，已建成支持多客户端的平台，不论相关人员身处国内哪个城市甚至国外，都可以根据实际情况，选择触手可及的客户端，完成办公事务。智慧办公平台解决方案见表3-10和图3-9所示。

智慧办公平台解决方案 表 3-10

项目	内容
智能控制	响应式通信、离线边缘计算、智能感应
会议室管理	会议室预约、会议室实况显示、数据看板
访客管理	自助登记、消息通知
工位管理	智能地图、工位使用效率统计、资产管理
运维管理	巡检机制、设备故障报警

图 3-9 智慧办公平台

而对于政府来说，除去政府单位内部的办公事务需要数字化，也需要为人民提供方便快捷的数字化平台处理各类事务。各地政府均有推出基于各类客户端的政务平台，其数字化水平各异，所能完成的功能各异，但对于当地居民的日常生活都有显著改善。例如，上海的"随申办市民云"，可以同时兼顾公交到站查询、车管所业务手机客户端办理等一系列功能，使得上海居民足不出户便可完成各类事务。同时，电子政务平台的出现，也方便政府了解市民的真实需求，基于"以人为本"的理念，通过数字化技术分析所需改善措施，从而做到决策的科学化、精准化，监督透明化，考核精细化，让政府成为一个智慧服务型政府。

3.2.8 健康环境数字化

室内环境关系室内人员的生命健康安全。目前，在办公楼及住宅领域内，均有应用较为成熟的健康环境监测系统，但承担功能稍有不同。在办公楼中，主要关注的是室内的温度、相对湿度、二氧化碳浓度。夏季，部分劳动密集型企业中，若不能维持良好的室内温、湿度，将会导致员工出汗，在电子元器件生产、组装、焊接工艺中，员工出汗不仅仅会降低效率，严重情况下甚至会导致产品报废。而现有研究也表明，二氧化碳浓度是导致人员犯困的一大主要原因，根据室内人员数量调节新风系统风量便有了重大价值。因此，室内环境的监测，同时也决定能源系统、空调系统如何控制。在医院，已有研究者通过二氧化碳浓度分析人员聚集及流动情况，从而分析医院内部易于感染的高风险区，并决定改善方案。另外，由于办公楼面积普遍较大，而现在流行的自动监测系统大多按照监测点位数量收费，为照顾如此宽广的面积，管理人员不得不增加点位数量，进而导致环境监测系统较为昂贵。未来，随着对于室内环境变化规律的进一步了解，尤其是室内气流组织规律的不断发现，监测点位将会大幅度减少，从而在低成本的情况下监控室内环境，并在更大规模进行推广。

健康环境监测平台监控参数见表 3-11，健康环境监测平台结构如图 3-10 所示。健康环境监测通常与其他系统组合在一起，以保证楼宇的节能和健康。

健康环境监测平台监控参数	表 3-11
环境参数	温度、湿度、气压、光照度、CO_2、O_2
污染物	$PM_{2.5}$、PM_{10}、TVOC、甲醛、NO_2
有毒气体	H_2S、CO、SO_2、NH_3
易燃易爆	CH_4、H_2、CO

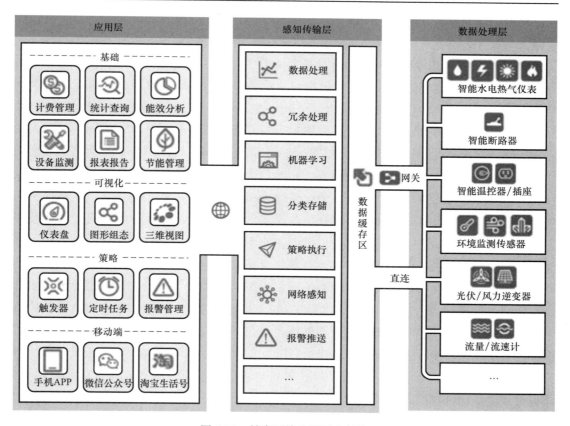

图 3-10　健康环境监测平台结构

而在住宅领域，由于总面积较小且各处环境相似，所需的监测点位数量较少，但所需的监测内容较多。除去上述提及的温度、相对湿度、二氧化碳浓度外，由于目前家具普遍应用有机溶剂，因而需要监测甲醛的设备；而在厨房和燃气热水器安装处，市面上已经有成熟的一氧化碳报警器和燃气泄漏报警器，出现问题及时发现，防止发生爆燃。随着住宅的不断发展以及对于住宅领域所提出的节能要求变高，参考国外被动式住宅的理念，国内提出了超低能耗建筑等一系列理念，而其一大特征便是气密性高，室内环境的控制完全依赖于新风系统。因此，室内环境监测将会影响到新风系统的控制，使得室内环境的数字化监测成为新时代住宅中的必备品。现如今，挂钩于室内环境监测的新风控制系统已经在实践中得到了证明，对于保证住户生命健康起到了良好的效果。

3.2.9　设备设施管理

办公楼、商场的设备系统通常都较为复杂，难以统一管理，一般情况下会选择将各系统按照用途或者能源种类进行分类，分别控制，互不干涉；每一种系统都需要配置专业人员，花费一定的精力去熟悉系统构成及控制方式，这样才能在有需要时及时完成系统的调整；更有甚者，由于某一套系统常年未被关注，真的出现故障时，不仅运营管理人员无法处理，也找不到设计单位或者生产商，因而陷入僵局。

随着 BIM 技术以及其他建筑数字化技术的发展，设备设施的管理也在逐步转向数字化方式。通过建立建筑的三维模型，使得包含设备设施信息的建筑模型具有良好的可视化，设备系统各关键参数的表达更为清晰，再通过关键参数监控系统的远距离传输改造，目前部分平台已经可以实时监控设备设施的运行状态。随着管理平台的应用，管理人员之间的信息交流速度更快，决策也更高效；一旦设备系统出现故障，平台会在建筑模型中确定故障点，引导管理人员前往现场。同时，人员可以根据故障的严重程度，制定维护方案，必要时可以通过平台记录的专业修理人员的联系方式联系相关人员，加快响应速度。平时，平台也可以管理纷繁复杂的各设备和设施的信息，便于管理人员调取及阅览。随着管理平台的进一步发展，未来可以在监测技术的基础上实现优化的自动控制模型，例如空调供水系统的变流量控制、空调末端的变风量控制、冷水机组的群控。相比于传统的各系统单独控制方式，群控系统可以根据楼宇实时负荷需求，决定冷水机组的自动启闭及负载率，保证冷水机组始终处在高效率运行状态；可以控制水力系统的调节阀，保证楼宇各区域的室内环境参数均能满足人员需求，防止出现邻近区域过冷而远端区域过热的现象，使得设备设施的运营管理能真正满足人员需求。图 3-11 为设备设施管理平台常规流程，包含调研、施工，以及对资产、设备运行的管理，并提出改造建议。设备设施数字化维护如图 3-12 所示。

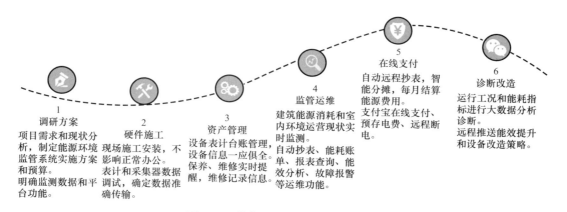

图 3-11　设备设施管理平台常规流程

图 3-12　设备设施数字化维护

3.2.10　消防物联网

　　消防物联网，作为智慧城市建设的一部分，已经成为新时代保障人民生命财产安全的重要举措。通常，消防物联网包括智能化的终端设备以及物联网云平台，而终端设备又包括温度或烟雾传感器、监控器以及灭火设备，各自承担着不同的功能。温度传感器和烟雾传感器都是用于监测火灾是否发生的，虽然烟雾传感器偶尔会因为吸烟等人员不合规矩的行为而导致误报，但大部分情况下传感器对于火灾的判断仍然是及时且准确的；在判断火灾发生的同时，传感器一方面会发出警报声提醒室内人员迅速处理火灾或者迅速撤离，同时也能够做到向附近的消防局传递火灾警情；消防部门也能够通过物联网技术的应用，不再依赖于传统的等待 119 电话确定火情，而是在火灾发生的同时便已经出警，考虑到火灾的救援与扑灭都讲究速度，发生之后的几分钟最为关键，因而加快出警速度对于挽救生命及财产具有重大价值。监控器主要负责在出现火灾警报后，确认是否真实发生火灾而非误报，以及确认火灾情况；往常，消防教育总是要求拨打"119"的报警人描述火灾规模、原因以及是否有人员需要救援，这样消防局才能决定带哪些设备进行救援，但是在实际情况下消防员通常都会因为无法准确了解火灾现场情况而不得不面临各种险情；更有甚者，如危险化学品仓库起火，消防员在不清楚火灾起因的情况下贸然使用水枪灭火，导致危险化学品与水发生化学反应而发生爆炸，而这些本可以通过更准确的现场信息交流去避免。通过监视器，或者说通过智慧可视化消防去判断现场情况，相比非专业人士的传达必然会更准确，提升人民群众和消防员的安全系数。

在日常情况下，培养安全意识也同样是消防的重要环节。随着消防教育的不断普及，现如今大部分住宅与办公楼均有良好的消防配套设施，但是很多中小型工业企业的安全意识仍然极其薄弱，此类企业发生火灾险情的新闻也屡见不鲜。如何保证相关人员遵守正确的操作规范，以及如何保证配套消防设备始终处于待用状态，传统做法是依赖消防局及政府相关人员定期巡查以及教育，但随着物联网技术的发展，通过云平台远程实时监管已经成为可能。企业、办公楼所配套的消防设备通常都具有较高的维护费用，为了节省费用商家通常疏于维护，导致火灾现场没有合适的灭火设备。但智能化消防设备的出现使得监管更为容易，保证了消防设备的维护效果，同时也可快速发现设备老化或者故障情况，以应对不断变化的环境。另外，监视器的存在，不仅可以在发生火灾时确定现场情况，也可以在平时用于监管相关人员是否遵守安全规范，如有不妥行为也可以及时提醒与阻止，使得安全检查真真切切落到每个人的日常生活与工作中去。相信，随着消防物联网的不断发展，人民的生命与财产安全也会不断得到提升。

🪨 3.2.11 能耗监管数字化

为实现节能减排目标，在《重点用能单位节能管理办法》中，明确要求重点用能单位建设能耗在线监测系统，以加强其在信息化能源计量方面的能力。具体来说，便是实现楼宇或者园区内用能的实时分类、分项计量，不仅要掌握整个单位的总用能量，也要掌握内部每个系统、每个用户或者每个设备的用能量。传统做法是，为了了解到重点用能单位的能源使用情况，并分析是否存在能源设备改进潜力，政府会每隔几年向各类节能公司发布能源审计任务，派请专家及各类测试设备测量并记录用能单位在测试时段内的用能。随着能源行业各项新技术的出现，负责审计工作的专家们发现了大量现存能源系统所存在的问题，并通过各种改善方法实现了能源效率的提升。而随着数字化技术的发展，能源计量不一定需要专业测试人员在现场实测和记录，而是可以通过安装具备信息远距离传输功能的智能电表、水表、燃气表等代为实现，因此能耗监测系统便随之诞生。能耗监测系统结构如图 3-13 所示。

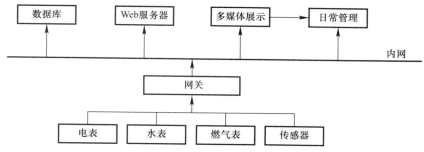

图 3-13 能耗监测系统结构

　　通过能耗监测系统可以获知各能耗设备在总能耗中的占比，例如通过对既有医院建筑的分项计量，发现部分医院的用电占比超过总能耗的一半以上，从而确立了电能的有效利用是此类型医院节能工作的主要关注对象。而为了确定节能潜力，在高校等能耗监测平台建设较为成熟的单位，已经可以实现能耗对标功能，也即与同类型设备的效率相比较以确定设备运行状态是否合理，从而确定需要节能改造的系统，降低在能源审计工作上花费的人力、物力和财力。同时，政府要求能耗监测系统需要具备向政府云平台传输能耗数据的能力，而政府会根据能耗数据的环比结果评价该单位的节能举措是否落到实地，并设定能耗定额管控各单位的用能量，或者在各单位用能出现异常时提醒其注意，在政府主导下规范各单位的用能行为，真正将节能目标落实到每个人的日常生活中去。随着数字化技术的进一步发展，能耗监测也不再局限于几个经过分类的数字，而是将各种数字与建筑模型相绑定并建立良好的可视化平台，管理人员不仅可以知道用能量，也可以知道用能系统在哪些环节存在问题，并且及时"对症下药"，改善设备运行状态，真正做到能耗监测与管理的双重数字化。

　　能耗监测平台的结构如图 3-14 所示，能耗监测平台通信对象如图 3-15 所示，能耗监测平台功能见表 3-12。

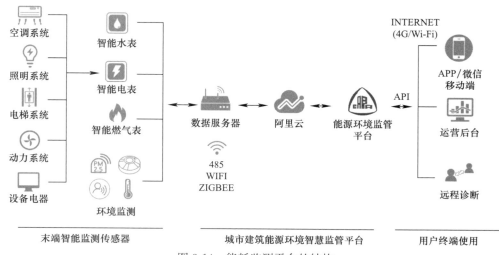

图 3-14 能耗监测平台的结构

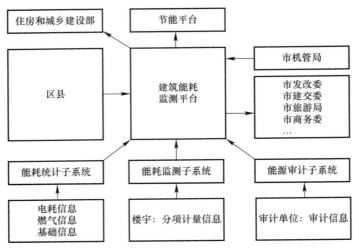

图 3-15　能耗监测平台通信对象

能耗监测平台功能　　　　　　　　　　表 3-12

条目	内容
能源统计分析	能源统计、能源分析、能源报表等
能源审计诊断	能源预测、能源指标、重点能耗等
节能互动平台	能源公示、能耗消息发布等
分类能源监测	智能电表、水表、燃气表等

　　电耗监管数字化系统的结构如图 3-16 所示，相比于普通的电表，数字化监管系统所监管的设备更复杂且详细。

3.2.12　绿色建筑动态评估

　　随着国内绿色建筑评估体系的不断完善，《绿色建筑评价标准》GB/T 50378—2019 的发布，改变了对于绿色建筑的评价方式。该标准更聚焦于绿色建筑在实际使用过程中是否带给建筑内人员更好的体验，是否产生了经济效益与节能减排效益。因此，基于该绿色评价标准的要求，有必要对既有及新建的绿色建筑开展建筑使用期间的运行性能动态监测及评估，同时提升绿色建筑运维人员的智慧运营能力。

　　而相应的绿色建筑动态评估系统，在功能上需要实现整体认知、机器学习、全局协同。绿色建筑动态评估系统能实时监测并记录建筑各设备子系统的运行数据以及各环境参数的数据，依托人工智能等数字化技术分析数据，从而确定建筑运行情况是否符合标准要求，并且作为优化控制策略制定的基础。绿色建筑动态评估系统需同时采集电表、水表、燃气表等用能数据，二氧化碳浓度、有机物含量等室内环境参数，逆变器情况、调节阀开度等中间环节的运行情况，包括前述各类智能化子系统的功能，从而做到从全

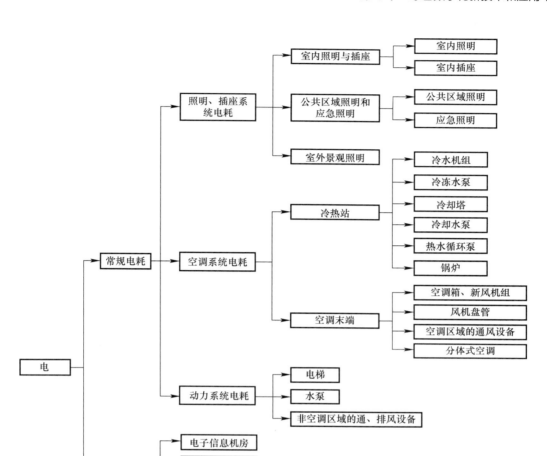

图 3-16　电耗监管数字化系统结构

局上分析建筑并优化建筑运维。同时，绿色建筑动态评估系统也可向政府反馈结果，使
政府便于从安全耐久、健康舒适、生活便利、资源节约、环境宜居等。角度评价绿色建
筑各技术的应用效果，助力整个行业的发展。而对于绿色建筑运行性能的评价结果也会
反馈为星级，以利于支持政府奖励和惩罚制度的制定。

　　绿色建筑动态评估平台系统界面如图 3-17 所示，绿色建筑动态评分系统如图 3-18 所
示，记录并分析各绿色能源系统的实时数据。

3.2.13　智能家居

　　随着人民生活水平的提高，越来越多的人开始关注如何改善居家生活。例如，种类

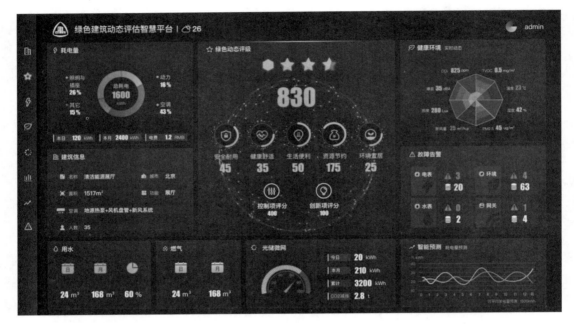

图 3-17　绿色建筑动态评估平台系统界面

图 3-18　绿色建筑动态评分系统

繁多的电器设备，是否可以更加智能化地进行控制？夜间起床开灯时，是否可以不再需要摸黑寻找开关，说一句设定好的口令灯具就能自动启动？各类电器设备是否可以联动控制，例如进出家门或者各房间时灯具是否也能随之开关？随之而来的便是"智能家居"概念的兴起。尤其是对于老年人住户，考虑到其行动不便，通过口令或手势远程控制电器设备，其便捷性提升显著。2021 年，"智能家居"的百度指数同比上涨 6%，全国新增智能家居企业 177907 家（占企业总数的 27.5%），新增意向代理商 30291 位，且关注对象集中于智能家居系统、智能锁、智能安防等。

目前，智能家居领域已经实现了远程控制和远程监视。所谓远程控制，也即在城市各个角落都可以控制家中电器；夏季或者冬季，人还在回家路上，就能通过手机遥控启动空调，一踏进家门便可以享受舒适的环境，实现公司-交通-家之间的空调环境无缝衔接。另外，碍于电热水器需要较长时间提升水温的特性，很多人面临着夏季或者运动后回家需要等待较长时间才能洗澡的窘境，而远程控制功能所实现的提前启动电热水器，避免了等待所造成的不舒适。

远程监视领域主要是保证家中安全，如工作日白天家中没人，所安装的室内监视器不仅可以随时观察家中是否有安全隐患或者其他问题，对于养宠物的家庭也可以随时观察宠物情况。安装在房屋门口的监视器，传统用途是为了记录可疑人员，保证房屋安全，但现在也出现了新的用途——记录快递员的送货情况，确保自己所购买商品的安全。随着经济模式的转变，更多商品交易将围绕着每家每户的家门进行，那么家门口的摄像头也就会更有价值。此外，目前的研究也在将感应识别放入监控功能中，也即监视器可自行判断家中是否有异常情况，并向户主发出警报，例如识别是否发生火灾。

智能家居系统构成见表 3-13。

智能家居系统构成　　表 3-13

子系统	组成
家庭网络系统	建立家庭局域网连接各智能设备
智能家居控制管理系统	遥控控制、电话控制、定时控制、集中控制、场景控制、网络控制等
家居照明控制系统	照明自动调节与人员挂钩
家庭安防系统	视频监控、对讲系统、门禁一卡通、紧急求助、烟雾检测报警、燃气泄漏报警、玻璃破碎探测报警、红外双鉴探测报警等
家庭影院与多媒体系统	家庭影视交换中心和背景音乐系统
家庭环境控制系统	空调、窗帘自动调节

3.2.14 未来社区

2019 年，浙江省政府工作报告首次提出"未来社区"的概念。在浙江省的规划中，未来社区的建设可分为三个阶段，分别为加快启动阶段、增点扩面阶段、全面推广阶段。2021 年，浙江省加快推动未来社区从点上试点走向面上推广，新增第四批未来社区创建131 个，总数累计达到 281 个。2022 年 1 月 25 日，浙江省召开的全省住房和城乡建设工作会议中提到："今年浙江省将全域推进未来社区建设，到 2022 年底，未来社区创建总数计划达到 500 个以上，累计建成 40 个以上。"

根据浙江省发展规划研究院的研究成果，浙江省对"未来社区"的定义基于一个

"1+3+9"模型（图 3-19），是以满足人民美好生活向往为根本目的的人民社区，是围绕社区生活服务需求，以人本化、生态化、数字化为价值导向，以未来邻里、教育、健康、创业、建筑、交通、低碳、服务和治理九大场景创新为引领的新型城市功能单元。未来社区建设试点要求涵盖九大场景所有内容，并在其中可以选定一个或多个场景作为社区优势场景进行重点突破。

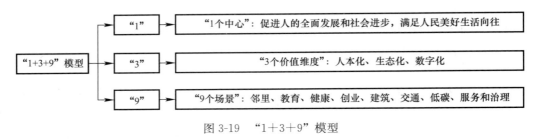

图 3-19 "1+3+9"模型

1. 未来社区的信息化

未来社区利用信息技术整合区域内的人、地、物、情、事等信息，并依靠活动的全面数字化，带来数字化、智能化产业的高速发展。通过以下 9 个场景的信息化，将深化地方政府的现代化建设，提高以人为本的智能化服务水平，努力提升社区居民的幸福感。

（1）邻里场景：创建基于新技术的社交平台，在社区中建立一种沉浸式体感互动区域，能够实现游戏、教育、运动、亲子等互动场景，实现邻里互助新体验。

（2）教育场景：通过虚拟技术的融入，建立全景课堂、互动课堂等全新教学模式，给师生们带来互动化、个性化、沉浸式的课堂教学体验。

（3）健康场景：利用云系统技术支撑医疗设备、健康监测设备、家居健康设备，构建出一个 5G 医疗生态系统，实现优质医院与社区医院的资源共享和协同。

（4）创业场景：利用信息技术的可靠性网络覆盖、电信级安全性保证、复用成熟网络等特性，助力"共享办公"，实现低成本的创业。

（5）建筑场景：为未来社区创建一个 CIM 平台，在 CIM 平台上能够实现多角度建设方案模拟预演，解决潜在的问题，如景观、采光和轨交，进一步提高建筑质量、效率和可持续性，降低建筑成本和能源消耗。

（6）交通场景：利用人工智能、无人机等现代先进技术，构建车联网、物联网，实现协同驾驶、无人巡检、智慧仓储等应用服务，推进智慧物流。

（7）低碳场景：构建能源供需协同优化管理系统，收集社区内各能源接入口的实时使用信息，记录相关历史信息，并提供数据以支持市政能源管理。

（8）服务场景：利用先进技术整合优质资源，打造共享体系，提供综合性服务及促进"基层治理四平台"的融合，实现数字化精益管理。

（9）治理场景：基于新技术的智能终端，构建智能运营管理平台和社区立体安防体系，通过数字化管理降低运营成本，并提高社区安全监控和应急反应能力。

2. 未来社区依托的技术

未来社区建设需依托互联网、物联网、数字控制系统、高速宽带网络等技术，为业主提供便捷、安全、舒适的社区环境。政府和企业要想科学地管理智慧社区，就必须得到现代信息技术的有效支撑。现阶段的社区智慧化建设，主要依靠以下几种核心技术：

1. 物联网技术

利用物联网技术，智慧社区管理系统能够链接每个服务模块，感知到各个设备的信息情况。例如，通过在社区公共区域运用物联网技术，管理系统能够监测温度、水位、照明、个人健康、电子商务等数据信息。在智能家居平台运用物联网技术，管理系统能够实现智能家居管理，包括安防系统、医疗系统、家电控制系统等，业主通过互联网自由控制和监测家居环境，省时省力。物联网作为一项基础的关键性技术，实现业主和社区服务管理系统之间的实时信息交流，满足业主的真实需求，打造社区智慧化服务。

2. 大数据

在智慧社区的规划上，各个地区因地制宜，但从大数据出发，每个智慧社区的创建和管理方式基本相同。在互联网技术的帮助下，各个社区的智慧服务系统可以汇集到一个平台上，以达到数据共享、共同发展的目的。例如，通过使用大数据技术，各个社区的智慧服务系统可以收集动态信息，包括人口信息、车辆信息、安全监测信息等。利用同一平台上报，各级管理部门联合监控，从而减少安全事故，并建立一个标准化、科学化的安全保护体系。

3. 云计算

云计算存储量大，计算力强。利用云计算、物联网、移动通信、大数据等信息技术，智慧社区能够很好地解决和应对国内各城市人口数量增长和流动性增加等问题，构建一个高效、安全、便捷的社区管理平台。利用网络资源，云计算可以将社区内各种传感器、网络终端和监测设备的信息统一收集、管理、计算和分析，实现社区智慧的高效运行。

3.2.15 智慧能源中心

近年来，"智慧能源"逐渐成为能源行业内的热词，并且学术界对此的解释也是多种多样，尚未形成广受认可的定义。但随着能源行业内与"智慧能源"相挂钩的项目不断落地，其最终目标以及实现方式也已经颇具雏形，也即以实现高效、清洁、经济的能源应用为目标，通过建立分布式布置的能源生产、存储及运输设备，以及建立起到集中控制的中央能源中心，实现对区域内种类繁多但又能做到多源互补、多网融合的综合能源系统的优化控制。其应用对象，多以小镇、园区等区域或者大型商场、办公楼为主，由于此类对象的供能、用能设备种类繁多，传统做法通常是根据不同类型的能源区分不同的能源系统，并且各自独立运行互不干涉。但随着能源行业各项技术的发展，尤其是各类新能源的出现，使得现代能源系统不再按照电力、燃气的方式进行划分，办公楼也可以安装燃气轮机或者内燃机从而将燃气资源变为电力资源，传统的电力制冷机组加上锅炉的空调冷热源模式也可以被纯粹依赖电力的风冷热泵机组或者纯粹依赖天然气资源的溴化锂机组所替代。同时，可再生能源设备的出现，包括光伏、光热、风电等，都在鼓励建筑运营方因地制宜选择合适的、高效的能源系统，而不再是千篇一律的供能模式。其优势同样较为明显，通过采用各种新型能源设备，尤其是毗邻用户布置的分布式能源设备，通过降低传输损耗的方式，大幅提升能源的综合使用效率。

鉴于能源系统的复杂化，其控制系统也需要精心设计。中央能源数字中心，即基于大数据、云计算、人工智能等数字化技术综合控制能源系统平的平台，以实现优化控制能源系统，做到能源利用的高效、清洁、经济为目标。例如，在一个多源互补的能源系统中，空调所用冷热量，既可以通过使用可再生能源获取的电力制取，也可以通过电网供电实现制取过程，还可以通过使用天然气的溴化锂机组获取，如何选择便成了难题。运维人员通常以降本增效为目标，希望优先使用运行成本最低的可再生能源，其次是天然气，最后才是市政电网，此时便需要一个中央能源中心，根据建筑或园区的实时及未来负荷需求，再根据光伏和风电设备的预测发电量，决定设备的优先级及运行状态，从而在保证设备效率的前提下满足能源供应。相比传统粗放式能源系统管理，在运行过程中不考虑设备实际效率，新型中央能源中心的做法大幅度提升了能源系统运行效果。又如，最近各类储能设备相继推出，不论是蓄能水箱还是大型电池，其本质是为了在能源成本较低但负荷需求也偏低的低谷时期蓄积能量，并在高峰时期放出以作为补充供能设备之一；但是，以供电系统为例，低谷时期通常为半夜，而高峰时期则要等到第二天的白天时段，中间时间间隔较长，高峰时期的用电需求也并不清晰，如何决定储能设备在存储多少电量时经济效益最高，便需要中央能源中心提前预知未来需求量并作出相应的合适选择。目前，上海前滩地区正在建立智慧能源中心，其主要特点便是通过高效蓄能技术及就地供能、梯级利用等技术，防止负荷波动对设备效率的影响，整体节能率达35.6％。

图 3-20 所示为智慧能源中心案例，项目包含多套可再生能源系统，并有一平台统一分析和展示各系统。

未来，中央能源中心的控制对象也将不再局限于办公楼及商业楼，随着住宅设备系统的发展，将会建立以城市中各地段区域为对象的城市智慧能源供应服务系统，保证城市居民均可获得高效、环保、绿色的能源。随着新型城镇化要求的提出，国家电网也提出了建设智慧能源小镇的概念，主要是将电网作为能源转换利用的枢纽、能源传输的基础设施，以电力为核心，多种供能设备及用能设备统一接入电网中进行调度，小镇中各类设备均纳入集中控制平台。同时，小镇居民也可以基于云平台实时监控自己所有的供

图 3-20　智慧能源中心

能及用能设备运行状态，查看电表、燃气表等各类表具所记录的用能量，以数字及图像形式让居民理解所使用的能源量，从而提升居民对于用能和节能的关注度，真正在生活中落实各类节能措施。目前，在办公楼及商业楼中建立的中央能源中心，通过设立指标及全景化展示能源系统等方式，已经实现了提升楼内人员的节能理念，尤其是纳入能耗监控的政府及国企办公楼甚至实现了每年用能量的下降。考虑到住宅同样是我国的用能大户之一，未来将这些做法推广到居住领域，也将会收获巨大的经济效益。

3.2.16　绿色数据中心

随着"人工智能"时代的来临，大数据、云计算等一系列技术正在飞速发展，数据计算的模式也逐步转化为主要依托于云端进行计算。数据中心，作为一种大规模的并行计算基础设施，拥有数以万计的计算节点及相关的存储架构和其他附属系统，能够为用户提供金融、办公、商业、学术、政务等各方面的服务。但与此同时，数据中心也成为能源消耗的一大"巨头"。截至 2017 年底，我国各类数据中心的数量已经超过 28.5 万个，年耗电量达到全社会用电量的 2%，整个数据中心行业已经成为重点节能关注对象。

2019 年，工业和信息化部、国家机关事务管理局、国家能源局共同印发了《关于加强绿色数据中心建设的指导意见》（以下简称《意见》），指出建设绿色数据中心是构建新一代信息基础设施的重要任务，是保障资源环境可持续发展的基本要求，是深入实施制造强国、网络强国战略的有力举措。《意见》的目标旨在建立健全绿色数据中心标准评价体系和能源资源监管体系，打造一批绿色数据中心先进典型，形成一批具有创新性的绿色技术产品、解决方案，培育一批专业第三方绿色服务机构。到 2022 年，数据中心平均能耗基本达到国际先进水平，新建大型、超大型数据中心的电能使用效率值（PVE）达到 1.4 以下。其中，需重点解决的任务，包括 IT 设备、机架布局、制冷和散热系统、供配电系统以及清洁能源利用系统等方面的绿色化设计指导。而在《绿色数据中心评价指标体系》中，电能利用效率（PUE）占了 60%，该指标依据《电信互联网数据中心（IDC）的能耗测评方法》YD/T 2543—2013 的规定，测得连续一年内数据中心总耗电与数据中心 IT 设备耗电的比值。因此，所谓绿色数据中心，最重要的是降低非 IT 设备的耗电——其中以空调系统占比最高。

工业和信息化部等六部门联合评选了 60 家 2020 年度国家绿色数据中心，见表 3-14。国家绿色数据中心评选工作也已于 2021 年 12 月启动。可见，数据中心已在多个行业投入使用，不论是从国家绿色低碳战略目标，还是从各行业降本增效的角度，数据中心的绿色节能工作已然成为重点。

2020 年度国家绿色数据中心 表 3-14

领域	数量（个）	数据中心
通信领域	21	中国电信天津公司武清数据中心等
互联网领域	25	腾讯天津滨海数据中心等
公共机构领域	3	中国科学院计算机网络信息中心信息化大厦
能源领域	1	中国石油数据中心（吉林）
金融领域	10	中国邮政储蓄银行总行合肥数据中心等

数据中心的空调系统，目前国内的主流冷却形式仍为空调送风，并分为机房级、机柜级和服务器级，其区别在于空调送风口与服务器设备之间的相对距离。机房级的送风口通常位于机房屋顶或者侧墙，送风需先冷却机房内的空气，再冷却服务器设备；且由于机房内设备结构与布置的复杂性，这种送风方式常常会导致局部热点，或者导致部分服务器运行缓慢、效率低下，或者不得不将送风温度降至很低。而服务器级的送风方式能够直接冷却服务器的散热元件，一方面减少了冷却的对象，另一方面为控制 IT 设备温度在合适范围内所需要的送风温度相对较高，使得多种可再生能源冷热源设备可以纳入考虑范围。未来，数据中心将向着更高发热密度的方向发展，机房级的空调系统已经难以满足需求，而靠近热源的机柜级和服务器级空调技术正在飞速发展，目前的应用中已经表现出极其优秀的节能潜力。因此，以靠近热源为核心的空调设计理念将更加深入人心，空调系统的控制策略也将从传统的控制室内温度，逐步演变为随着数据中心 IT 设备的运行状态变化而主动变化的数字化控制方式。

在获选工业和信息化部《国家通信业节能技术产品推荐目录（2021）》的华为 Smart DC 低碳绿色数据中心解决方案中，则是采用了模块化 UPS、智能锂电系统、间接蒸发冷却技术、智能电力模块等，将数据中心年均 PUE 降至 1.15。巡检则是采用智能巡检技术，将被动报警变为预测性维护，实现数据中心运维的自动化，降低运维成本约 35%。

在历年的《绿色数据中心先进适用技术产品目录》中，介绍了多种可选用的技术，见表 3-15。

历年绿色数据中心先进适用技术产品　　　　　　　　　　　　　　表 3-15

发布年份	简介	构成举例
2016	制冷冷却、供配电、IT、模块化和运维管理 5 类 17 项	水平送风 AHU 冷却技术等
2018	能源效率提升、废弃设备及电池回收利用、可再生能源和清洁能源应用、运维管理 4 类 28 项	蒸发冷却式冷水机组等
2019	能源、资源利用效率提升，可再生能源利用、分布式供能和微电网建设，废旧设备回收处理、限用物质使用控制，绿色运维管理 4 类 50 项	磁悬浮变频离心式冷水机组等
2020	能源、资源利用效率提升，可再生能源利用、分布式供能和微电网建设，废旧设备回收处理、限用物质使用控制，绿色运维管理 4 类 62 项	微型浸没液冷边缘计算数据中心等

针对 IT 设备，目前国内已经提出了对批处理任务和延迟敏感型任务的优化调度方法，在保证任务响应速度的前提下优先调用高性能服务器，从而达到服务器系统的节能优化。在供配电系统方面，相关研究主要聚焦于如何提高可再生能源的利用率。数据中心的 IT 设备对于供电电压的稳定性有较高的要求，为防止电网波动对设备的冲击，数据中心的服务器设备均配置有不间断电源（Uninterruptible Power Supply，UPS），市电正常供应时 UPS 将市电稳压后供应设备，市电中断时 UPS 内部的电池会承担短时间内的设备供电。而目前可再生能源发电设备大多面临波动较大的问题，相比于克服市电的波动，克服可再生能源供电设备的波动更有难度。传统做法是配置更大容量的电池或电容，这不仅增加了初投资，同时也会导致能源效率的下降。目前主要的解决办法是基于数字化技术预测下一时段的供电设备波动并决定电能分配比例，从而优化供配电系统的运行。

尽管绿色数据中心的概念在行业中已被接受，但按照中国电子学会印发的《中国绿色数据中心发展报告（2020）》中的统计结果（表 3-16），仍有大量数据中心能耗较高，需要改善。且能耗较高的数据中心，规模一般较小，因此需着重研发适用于小型数据中心的节能技术，并在各领域出现的新型小型化数据中心中应用。

不同数据中心年平均 PUE　　　　　　　　　　　　　　表 3-16

机柜规模（架）	年平均 PUE
<100	1.69
100～500	1.73
500～1000	1.65
1000～3000	1.59
3000～10000	1.51
>10000	1.40

3.2.17 碳中和

碳中和是指企业、团体或个人测算在一定时间内直接或间接产生的温室气体排放总量，通过植树造林、节能减排等形式，以抵消自身产生的二氧化碳排放量，实现二氧化碳"零排放"。我国将提高国家自主贡献力度，采取更加有力的政策和措施，二氧化碳排放力争于 2030 年前达到峰值，努力争取 2060 年前实现碳中和。2021 年 3 月 5 日，2021年国务院政府工作报告中指出，扎实做好碳达峰、碳中和各项工作，制定 2030 年前碳排放达峰行动方案，优化产业结构和能源结构。

1. 碳中和面临的挑战

为实现碳中和及碳排放，我国仍面临许多压力及挑战。

我国现正处于工业化发展阶段，能源消耗和碳排放量大。2019 年期间，全球二氧化碳排放量 341.7 亿 t，其中，中国排放二氧化碳 98.3 亿 t，占全球排放总量的 28.8%，并且中国的碳排放量是其后美国、欧盟的 2 倍和 3 倍。这样巨大的碳排放量是由于我国处在工业化发展阶段，2019 年我国能源消费、碳排放相比 2006 年分别增加了 69.7% 和47.2%，足以证明我国能源消耗和碳排放也处于上升阶段。在我国发展工业的时期，主要工业化国家经历了工业化后期阶段，排放量已逐渐降低。

我国向"碳中和"的过渡期比发达国家要短得多。欧洲和美国等发达国家和地区在二氧化碳排放峰值和"碳中和"之间通常有 50~70 年的过渡期，而我国预计在 2030 年达到"峰值"，然后在 2060 年实现"碳中和"，可用的过渡期只有 30 年，时间紧、任务重。

煤炭在我国的能源结构中占主导地位。2018 年，我国煤炭的二氧化碳排放量占能源二氧化碳排放总量的 79.8%，相当于煤炭占能源消费总量 59.0% 的 1.35 倍。相比之下，美国和欧盟的煤炭消费份额分别只有 12% 和 11%。

我国的能源利用效率偏低，能耗偏高。我国与欧盟和美国的产业结构不同，服务业在国民经济产出中的比例较低，而工业和制造业的比例相对较高，经济发展和就业在很大程度上依赖于工业和制造业。因此，我国的单位 GDP 能耗仍然很高，比世界平均水平高 1.4 倍，比发达国家高 2~3 倍。

我国的人均 GDP 低于发达国家，当大多数发达国家达到其"碳峰值"时，人均 GDP的起点水平为 2.5 万~4.0 万美元。目前，我国的人均 GDP 刚刚超过 1 万美元，即使在2030 年，当我们达到"碳峰值"时，人均 GDP 预计为 2 万美元左右，这仍然低于欧盟和美国达到"碳峰值"时的人均 GDP，抵御能源价格波动的能力存在差距。

因此，实现碳达峰及碳中和的任务重、时间紧、压力大，我国需要以更大的决心与毅力推进"碳中和"。

2. 碳中和的政策及规划

各省（区、市）对于达到碳达峰及碳中和目标均出台了相关政策及规划，见表 3-17。

各省（区、市）对于达到碳达峰及碳中和目标的政策及规划　　表 3-17

省（区、市）	政策及规划
北京市	2021 年提出碳中和时间表、路线图，推进能源结构调整和交通、建筑等重点领域节能。在"十四五"期间要大幅提高能源资源利用效率，降低单位地区生产总值能耗、水耗，控制生产生活用水总量在 30 亿 m³ 以内
天津市	推动钢铁等重点行业率先达峰和煤炭消费尽早达峰，大力发展可再生能源，促进绿色技术的研究、开发和应用。积极参与全国碳交易市场，促进绿色产业转型
河北省	提高生态系统的固碳能力，促进碳交易，加快建立无煤区，实施重点行业的低碳化改造
山西省	推进深化能源革命综合改革试点，推动煤矿绿色智能开采，鼓励煤炭分级梯级利用。非常规天然气的目标产量为 120 亿 m³。加快新能源的开发和利用，发展能源储存和能源设备制造产业
江苏省	大力推进清洁生产，发展壮大绿色产业，加强节能改造管理，增强生态系统吸碳能力，严格控制新建高耗能、高排放项目，加快形成绿色生产生活方式，促进绿色低碳循环发展，力争提前达到碳达峰
上海市	启动第八轮环保三年行动计划，加快建设全国碳排放权交易市场，加快发展新能源车动力电池回收利用体系
浙江省	在"十四五"期间，推动绿色循环低碳发展，坚决落实碳达峰、碳中和要求，大力倡导全民绿色低碳生产生活。非化石能源占一次能源比例提高到 24%，煤电装机占比下降到 42%
福建省	创新碳交易的市场机制，积极发展碳汇金融，促进绿色低碳发展，支持厦门、南平等地率先碳达峰，推进低碳城市、低碳园区、低碳社区试点
安徽省	在"十四五"期间，深化能源消费总量和强度"双控"制度，提高非化石能源比例。实施"能源供给保障"工程，构建清洁低碳、安全高效的现代能源体系
湖北省	建设近零碳排放示范区。加快建设全国碳排放权注册登记结算系统。积极发展循环经济、低碳经济，促进发展节能环保、清洁能源产业
湖南省	支持零碳示范的研究。全面落实资源节约集约循环利用制度，实行能源和水资源消耗、建设用地等总量和强度双控等制度，加快生活垃圾焚烧发电等终端设施建设
河南省	探索用能预算管理和区域能评，建立健全用能权、碳排放权等初始分配和市场化交易机制。推进外电入豫第三通道。促进清洁生产和重点行业的绿色转型。实施电力"网源储"优化、煤炭稳产增储、油气保障能力提升、新能源提质工程，优化省内能源结构
辽宁省	大力发展风电、光伏等可再生能源，促进氢能的规模化使用和装置的开发。建设碳交易市场，推进碳排放权市场化交易。单位地区生产总值能耗、二氧化碳排放均满足国家要求
宁夏回族自治区	以绿色发展为导向，严格坚持"三线一单"，推动重点行业和领域绿色化转型，打造绿色生活方式，提高能源资源利用效率，单位 GDP 用水量、煤炭消耗、电力消耗均下降 15%
吉林省	加快推进"煤改气""煤改电""煤改生物质"，促进生产生活方式绿色化。支持白城建设碳中和示范园区。在重点行业推进清洁生产审核，挖掘企业节能减排潜力，大力发展环保产业。支持乾安等县市建设清洁能源经济示范区
黑龙江省	因地制宜实施"煤改气""煤改电"等清洁供暖项目，优化风电、光伏发电布局
内蒙古自治区	全面推行用能预算管理和重点用能单位能耗在线监测。开展用能权、森林草原碳汇交易试点
陕西省	积极推行清洁生产，推进碳排放权市场化交易。提倡绿色生活方式和新能源汽车、环保建筑材料、节能电器和高效照明

省（区、市）	政策及规划
宁夏回族自治区	推进重点行业向超低排放转变，推广清洁生产和循环经济，推进煤炭减量替代，加大新能源开发利用，最大限度地发挥减污降碳协同效应
甘肃省	鼓励甘南发展碳汇项目，积极参与全国碳市场交易。完善和提升全省环境权益交易平台。推进能源革命，加快发展绿色综合能源基地，建设国家重要的现代能源综合生产基地、储备基地、输出基地和战略通道
四川省	推进国家清洁能源示范省建设，发展节能环保、风光水电清洁能源等绿色产业，建设绿色产业示范基地。实施产业园区绿色化、循环化改造，全面推进清洁生产。促进用能权、碳排放权交易。实施电能替代工程和重点节能工程
重庆市	倡导绿色生活方式，完善排污权交易等制度体系。推动绿色低碳发展，完善生态文明制度体系，构建绿色低碳产业体系，开展二氧化碳排放达峰行动，建设一批零碳示范园区，推进碳排放权交易市场
青海省	推动生产生活方式绿色化，大幅提高能源资源利用效率。打造国家清洁能源产业高地
新疆维吾尔自治区	从新疆能源形式出发，推动绿色低碳发展。加强生态环境建设，统筹开展治沙治水和森林草原保护，落实大气、水污染防治和土壤污染风险管控措施，实现污染减排和碳减排的协同
西藏自治区	将加快绿色清洁能源、生态资源价值转换，创建国家清洁可再生能源利用示范区。构建稳定可靠综合能源体系。到 2025 年，建成和在建水电总装机 1500 万千瓦以上

3.2.18 光伏储能

1. 光伏产业

2022 年 1 月 4 日，工业和信息化部、住房和城乡建设部、交通运输部、农业农村部、国家能源局联合发布《智能光伏产业创新发展行动计划（2021—2025 年）》（以下简称《计划》）。《计划》提到，在有条件的城镇和农村地区，统筹推进居民屋面智能光伏系统，鼓励新建政府投资公益性建筑推广太阳能屋顶系统。开展以智能光伏系统为核心，以储能、建筑电力需求响应等新技术为载体的区域级光伏分布式应用示范，提高建筑智能光伏应用水平。积极开展光伏发电、储能、直流配电、柔性用电于一体的"光储直柔"建筑建设示范。《计划》提出了智能光伏产业生态体系建设的明确发展目标：到 2025 年，光伏行业智能化水平显著提升，产业技术创新取得突破。新型高效太阳能电池量产化转换效率显著提升，形成完善的硅料、硅片、装备、材料、器件等配套能力。智能光伏产业生态体系建设基本完成，与新一代信息技术融合水平逐步深化。智能制造、绿色制造取得明显进展，智能光伏产品供应能力增强。支撑新型电力系统能力显著增强，智能光伏特色应用领域大幅拓展。智能光伏发电系统建设卓有成效，适应电网性能不断增强。在绿色工业、绿色建筑、绿色交通、绿色农业、乡村振兴及其他新兴领域应用规模逐步扩大，形成稳定的商业运营模式，有效满足多场景大规模应用需求。光伏产业是基于半导体技术和新能源需求而融合发展、快速兴起的朝阳产业，也是实现制造强国和能源革命的重大关键领域。

太阳能向地面释放了近 80 万 kW 的能量。2016 年，我国的太阳能发电成本约为 1 元/(kW·h)。

现阶段，太阳能光伏发电并网技术的应用颇为广泛。所谓"太阳能光伏发电并网技术"，就是太阳能在光伏板设备的助力下，成功转化为电能的技术。2002 年，"光明工程"的出台使得国内光伏产业迈上了一个新的台阶。在政府的大力支持下，我国光伏产业迈向了正规化的历程，并成为世界第一大光伏发电市场。至 2016 年，国内光伏发电装机量累计已达 7.742×10^7 kW，位居世界第一。

截至 2020 年底，我国光伏组件的年产量已连续 14 年处于全球领先地位。2020 年，我国新增光伏装机容量 48.2GW；截至 2020 年，我国户用光伏装机容量达到 3497.2MW；2020 年第四季度新增光伏装机容量较 2019 年第四季度，提升 15GW（图 3-21、图 3-22、图 3-23）。

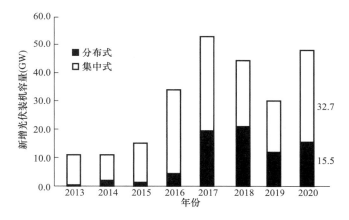

图 3-21 2013～2020 年我国新增光伏装机容量情况

* 数据来源：CPIA，2021-02

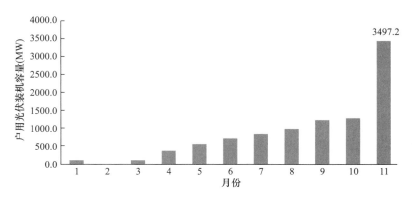

图 3-22 2020 年我国户用光伏装机容量情况

* 数据来源：CPIA，2021-02

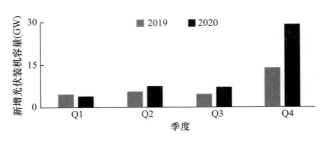

图 3-23　2019 年与 2020 年各季度我国新增光伏装机容量情况

* 数据来源：CPIA，2021-02

我国光伏产业已形成了完整的产业配套设施，包括光伏专用设备、平衡部件和配套辅材辅料等，并且产业链各环节的规模也实现了全球领先。得益于良好的政策环境与技术积累，我国在硅材料生产、硅片加工、太阳电池制造及光伏组件生产等环节已经具备了成套供应能力。隆基绿能科技股份有限公司、天津中环半导体股份有限公司和晶科能源控股有限公司这 3 大企业的硅片新增产能已超过全球硅片新增产能的 70%，且头部企业的产能集中化趋势明显，使我国光伏产业的全产业链完善程度持续加强。在全球光伏产业的各个产业链环节（包括多晶硅、硅片、太阳电池、光伏组件、逆变器）前 10 位的排名中，我国企业占据大部分。

目前太阳能光伏的应用策略主要包括：混合光伏发电系统、并网光伏发电系统、独立光伏发电系统、光伏建筑一体化和发电监控系统设计中的运用。混合光伏发电系统指将几种不同的风力发电模式全部引入并融合到光伏和风力发电系统中使用，并且以这些模式作为风力负载，使得电力的供应更加安全稳定。并网光伏发电系统是指它能够在实际运行过程中与公共光伏电网有效连接，进行功能的协调和发挥，通过逆变器加上直流电变成交流电，然后向整个电力系统再次传输。独立光伏发电系统是指没有与公共电网并网，孤立运行的发电系统，一般设立在较为偏远的地区，或者通过便携式的移动电源进行使用，比如边防哨所或者农村地区等。光伏建筑一体化有两种形式，一种是将光伏器件和建筑物进行集成化的发展；另一种则是在建筑物的屋顶安装平板光伏器件，将光伏与电网并联进行电力的供应。而光伏发电监控系统的优劣能够在一定程度上决定整个系统是否能够安全运行，保障生产电能的质量。

2. 储能产业

近五年来，在《关于促进储能技术与产业发展的指导意见》引导下，我国储能发展进入了快车道，一批不同技术类型、不同应用场景的试点示范项目落地，一批关键技术、核心装备达国际先进，一批重点技术规范和标准逐步形成，一批具有国际竞争力的市场主体蓄势聚力。

储能提供了稳定、优质、环保的能源，对改善生态环境、提高能源利用效率和实现社会的可持续发展有积极意义。储能主要指电能的储存，因其可降低峰值负载向电网中注入电力，又可减少电力移动时的拥堵和损耗，被认为既是发电资产，又是传输资产。主要方式有机械储能、电磁储能、化学储能和相变储能（表 3-18）。

各种类型储能技术的特点及应用场景　　　　　　　　　　　　　　表 3-18

储能类型	技术形式	能量密度	可利用容量	储能时间	应用场景
物理储能	抽水储能	落差 360m 时为 $1kW \cdot h/m^3$	几百万千瓦时到几千万千瓦时	几小时	调峰、调频、系统备用
	地下压缩空气	地下存储压力 $10^7 Pa$ 时为 $12kW \cdot h/m^3$	几百兆瓦时至几千兆瓦时	几小时	复合调节
	飞轮储能	$1 \sim 5kW \cdot h/kg$	几千瓦时至几十千瓦时	几分钟到 1 天	调频、电能质量调节
电磁储能	超级电容器储能	$10 \sim 60kW \cdot h/kg$	几千瓦时	几秒到几分钟	提高电能质量、改善系统性能
	超导储能	$1 \sim 5kW \cdot h/kg$	几千瓦时	几秒到 1 分钟	
电化学储能	电化学电池	$20 \sim 120kW \cdot h/kg$	几千瓦时至几十兆瓦时	几十分钟到几十小时	调频、黑启动、电能质量调节、系统备用等
热能存储	熔融盐储热	$100 \sim 200kJ/kg$	几十兆瓦时	几小时	太阳能发电并网运行

我国政府高度重视储能产业的发展。2005 年开始对储能产业进行战略布局，《战略性新兴产业重点产品和服务指导目录》（2016 版）中，将其列为战略性新兴产业，并根据储能技术的用途，将其分列入新材料产业、新能源汽车产业、新能源产业等多个战略性新兴产业的研究领域中。2017 年 1 月制定了更加具体的储能产业发展战略，即在"十三五"期间（2016 ~ 2020 年）实现储能由研发示范向商业化初期过渡；"十四五"期间（2021 ~ 2025 年）实现商业化初期向规模化发展转变。

根据中关村储能产业技术联盟（CNESA）发布的《储能产业研究白皮书 2020》，电化学储能在 2015 ~ 2019 年的年复合增长率高达 79.7%，我国 2018 年应用场景维度储能装机功率占比见表 3-19，并预测在"十四五"期间的年复合增长率会保持在 55% 左右，预计到 2024 年，电化学储能的市场装机规模将超过 15GW。

我国 2018 年应用场景维度储能装机功率占比　　　　　　　　　　表 3-19

类别	装机功率占比（%）
集中式可再生能源并网	18.5
电源侧调频	16.4
电网侧储能	24.0
用户侧储能	41.1

在今后十年，我国将实现电力系统能源存储从示范研发逐步走向初期商业化，再由初期商业化发展向规模化发展。依据全球储能项目库统计，从 2010 年开始，全球电池化学储能行业开始逐渐增长，到 2017 年达到 33% 的复合增长率，到 2018 年末，全球累计

装机储能项目规模为 175.4GW，增长 45％，抽水蓄能系统占比最大为 96％，较去年下降 1％，电池化学储能装机增长最快，达到 2926.6MW，增长 45％，为总装机量的 1.7％，较 2017 年增长 0.5％。我国已经拥有的储能装机量为 28.9GW，增长 19％，其中抽水蓄能占比 98％，电池化学储能累计装机 389.8MW，增长 45％，占比 1.3％。锂离子电池占 58％、铅蓄电池占 36％、液流电池占 4％、超级电容占 2％、钠硫电池 0.1％。

据 CNESA 全球储能数据库统计，截至 2019 年底，全国电化学储能的累计装机项目数量约 800 个，实际项目成果表明，合理配置储能可以提升电力系统的稳定性、灵活性，提升系统的运行效率，实现电力与电量的平衡等，是解决目前电力系统结构性矛盾的有效手段之一。除电力系统涉及发电、辅助服务、输配电等主要应用领域外，储能已经开始走进能源互联网的整合应用等新兴领域。从材料生产、设备制造、系统集成、资源回收等已经初步建立了较为完备的产业链，并且在主流技术和前沿技术上都有所布局，并培育了以宁德时代、比亚迪、中科储能等为代表的一批技术领先的储能厂商，是实现我国储能规模化发展的产业基础。

第 **4** 章

典型项目案例

•4.1 上海源点大厦绿色建筑 BIM 运维平台

4.1.1 项目基本概况

上海源点大厦（图 4-1）示范项目位于上海市徐汇区云锦路 555 号，按照美国绿色建筑认证（LEED）金级标准、健康建筑标准（WELL）金级标准和绿色建筑二星级标准打造，总建筑面积 122434.5m²，其中地上建筑面积 74360.9m²，主要用于办公、文化展示，地下建筑面积 48073.6m²，包括停车库、商业等；建筑总高度为 135m，地上建筑 29 层，地下 3 层。

图 4-1　上海源点大厦项目效果图

上海源点大厦是一座采用先进绿色建筑技术的标志性建筑。该大厦的设计和建造充分融合了多种绿色技术，使其成为一座智能化、高效能的建筑。利用智能化系统实现了高效的能源管理。通过先进的物联网传感器，可以实时监测和管理大厦的能源使用情况，从而优化能源利用效率。智能照明系统和空调系统根据人流和天气条件进行自动调节，避免了能源的浪费。引入先进智慧办公技术，便于租户进行高效的办公工作，为租户提供了便利、安全和智能化的办公环境。

1. 数字孪生技术

本项目通过三维可视化建模、数字孪生和数据分析集成技术，实现整个建筑运维状态的三维可视（图 4-2），并且进行相关的数据分析集成，从而实现建筑的数字化管理。其中数字孪生技术主要应用在以下部分：

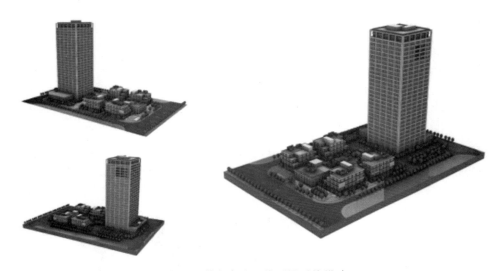

图 4-2　数字孪生三维可视系统搭建

1) 设计和建模

本项目通过数字孪生技术，在建筑项目开始之前进行基于虚拟模型的方案设计，消灭系统间信息"烟囱"，实现数据互联互通的集成化应用，打通建筑空间、建筑设计和建模。使建筑师和设计师更好地可视化和调整建筑设计，满足客户的需求。

2) 施工和管理

本项目通过在虚拟环境中模拟施工，优化工艺流程，减少延误和错误，提高施工效率。此外，数字孪生技术在施工期间还可以监测和管理相关数据，例如材料和设备的使用，以实现更有效的资源管理和成本控制。

3) 运营和维护

数字孪生技术帮助源点大厦的运营团队监视和优化大厦的运营状况。通过将现实世界的数据与数字孪生模型进行对比分析，可以实时监测楼宇设备的运行状态、能源消耗和室内环境等方面的指标，以及进行预测性维护，提高设备的可靠性和效率。

本项目孪生技术的服务，帮助运营商实现更高的运维效率以及更精确的决策。

① 3DGIS 空间服务。对源点大厦整个公建区进行建模，包括周边 500m 所有地面建

筑、道路、绿化和水景等，同时对整个公建区进行美化工作，达到仿真的效果。

② BIM 数字空间服务。制定源点大厦运维数据标准，提供标准化的数据支持。支持对项目的数字资产及业务资产的精确还原，确保 BIM 模型与现场高度一致。通过三维可视化界面对总体态势和各子系统进行管理，包括整体状态、设备定位、信息查看、管线路由查询、报警信息提醒预处理等。具有三维可视化监测、宏观大场景震撼场面、高精度仿真数字孪生、场景化漫游体验。

③ 物联网中台服务。提供具备千万级设备的接入能力、支持各类协议设备（OPC、modbus、bacnet 及私有化协议）直连接入以及边缘接入的能力，安全、可靠、稳定、开放、可扩展的智能化设备连接平台，设备支持本地通信能力。该项目主要依托智慧建筑IoT 平台（图 4-3）。此平台消除各类系统间数据阻隔，实现多样化系统数据统一化管理设备等信息，实现建筑信息一体化管理。

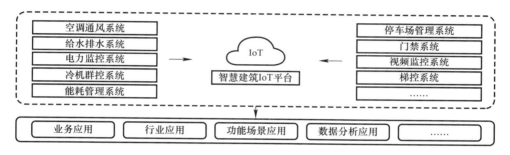

图 4-3　智慧建筑 IoT 平台

2. 绿色建筑综合能源环境监管平台（图 4-4）

图 4-4　绿色建筑综合能源环境监管平台（一）

本项目采用的综合能源环境监管平台（图 4-5～图 4-7）是一种集成化的系统，实现了对建筑物、设备和环境的能源消耗和环境指标进行全面监控和管理。它整合了数据采集、传输、存储、处理和分析等功能，能够提供实时的能源消耗数据、室内环境质量、设备状态等信息，并支持对这些数据进行分析、评估和管理。帮助建筑物的运营方和管理团队全面了解和管理能源消耗、室内环境质量等方面的情况，智能化地进行能源管理和环境监管，实现能源节约、环保和舒适的目标。

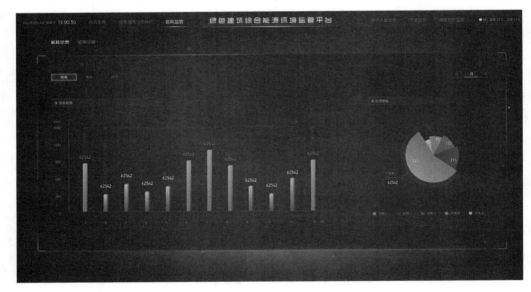

图 4-5　绿色建筑综合能源环境监管平台（二）

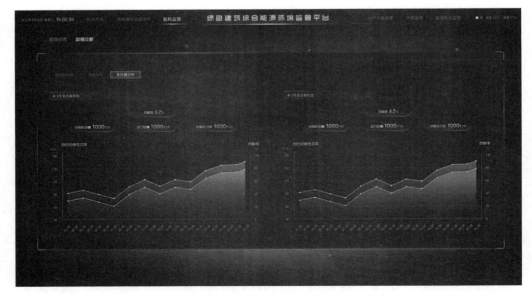

图 4-6　绿色建筑综合能源环境监管平台（三）

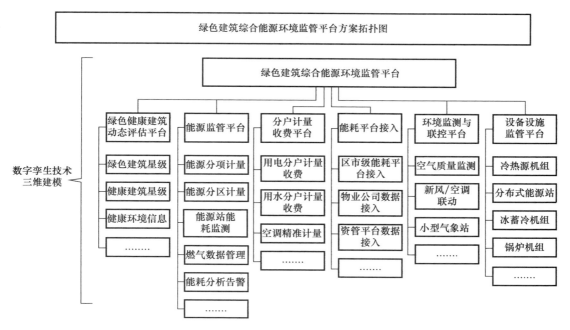

图 4-7　绿色建筑综合能源环境监管平台方案拓扑图

1）数据采集系统

本子系统（图 4-8）负责采集源点大厦各个设备和系统的实时数据，包括能源消耗、

绿建综合能源环境监管平台搭建子系统			
01 数字孪生三维可视系统 通过三维建模可视化、数字孪生技术和数据分析集成技术，实现整个建筑的运维状态的三维可视，并且进行相关的数据分析集成，从而实现建筑的数字化管理	**02** 绿色建筑动态评估系统 通过建筑的耗电量、健康环境、故障告警、智能预测等关键信息的预测，实现绿色建筑、健康建筑的星级动态评价	**03** 综合能源监管平台 能源监管平台，主要包括源分项分区计量、能源站能耗监测、燃气数据分析、能耗分析告警等功能。同时具备报表查询功能，至少包含分项能耗报表、设备区间能耗报表、设备时段能耗报表等	**04** 分户计量收费平台 分户计量收费平台，主要包括用电分户计量收费、用水分户计量收费、空调精准计量等，通过关联配置各租户和商铺用电数据，可定期生成用电账单
05 环境监测和联控平台 环境监测与联控平台，主要包括空气质量监测、新风/空调联动、小型气象站等功能，具备监测项目的环境情况，包括室内外空气质量、水质状况等等，并且和新风过滤系统等进行联控	**06** 设备设施运维监管平台 实现对冷热源机组、输配管网系统、分布式能源站、冰蓄冷机组、锅炉机组进行运维监管	**07** 能耗接入平台 主要包括区市级能耗平台接入、通过软件系统的搭建，可根据上海市地方标准将分项能耗数据上传至本地区级、市级建交委官方平台；同时具备物业公式数据接入和资管运维平台数据接入的接口	**08** 数据中心服务站 平台中心需要配置数据服务站，处理主要的数据内容；同时配置数据存储中心，主要用来储存主要的数据；同时需要配置UPS电源、打印机、设备机柜、工作桌椅等设备

图 4-8　绿建综合能源环境监管平台功能汇总

室内环境、设备运行状态等。可以通过传感器、智能电表、数据采集设备等方式将数据汇集到同一个平台。

2）数据传输与存储系统

本子系统负责将采集到的数据传输到中央服务器，并进行存储和备份。数据传输可以通过有线或无线网络进行，确保数据的稳定传输和安全存储。

3）数据处理与分析系统

本子系统用于对采集到的数据进行处理和分析。可以使用数据分析工具和算法来解析数据，识别能源消耗模式、设备异常、室内环境变化等，并生成相应的报告和警报。

4）控制与调节系统

本子系统负责实时监控大厦各个设备和系统的运行状态，并进行相应的控制和调节。通过集中管理平台，可以对能源系统、照明系统、空调系统等进行远程监控和调节，提升能源利用效率和环境舒适度。

5）用户界面和可视化展示

本子系统提供一个直观易用的用户界面，使用户能够实时查看大厦的能源消耗情况、室内环境质量等。通过可视化展示，用户可以更好地了解大厦的运行状况，进行能源管理和环境监管的决策。

3. 智能照明系统

上海源点大厦应用了智能照明系统，该系统利用传感器和自动化控制技术，实现对室内和室外照明的精确控制。根据光线水平、人员活动和时间等因素自动调节照明，以提高能源效率和节能效果。该智能照明系统具有以下特点和功能：

1）传感器控制

系统中安装了感应器，如光线传感器和人体红外感应器。光线传感器可以检测环境光线水平，并根据需要自动调节照明亮度。人体红外感应器可以检测人员的存在，当人员进入或离开区域时，自动开启或关闭照明。

2）自动化调光

智能照明系统可以根据光线传感器的反馈或预设的场景模式，自动调整照明的亮度。在充足的自然光照情况下，系统会减少照明亮度以节省能源；而在光照不足的情况下，系统会增加照明亮度以提供足够的照明效果。

3）时间计划控制

智能照明系统可以根据预设的时间计划，在不同的时间段内自动调整照明亮度。例如，根据不同的工作时间、会议安排等，系统可以根据需要调整办公区域的照明亮度。

4）集中管理和监控

智能照明系统可以与中央管理系统集成，实现对整个建筑的照明系统进行集中管理和监控。这使得管理员可以通过集中的控制界面调整照明设置，并监控各个区域的照明能耗和运行状态。

5）数据分析和优化

智能照明系统也可以提供数据分析功能，收集和分析照明能耗、使用情况等数据，以识别节能机会和优化方案。这有助于建筑管理者实施更有效的能源管理和节能措施。

智能照明系统（图 4-9）的应用可以大大提高能源利用效率，减少能源浪费，并有助于创造更加舒适和宜人的照明环境。这种系统为上海源点大厦提供了智能化照明方案，以促进可持续发展和节能减排目标的实现。

图 4-9　智能照明系统

4. 空气质量监测与控制系统

上海源点大厦应用了空气质量监测与控制系统，这是一种利用传感器和空气净化设备的系统，用于监测和控制室内空气质量。空气质量监测与控制系统的主要特点和功能包括：

1）传感器监测

该系统配备了空气质量传感器，可以实时监测室内空气中的污染物含量，如 $PM_{2.5}$、VOC（挥发性有机化合物）、CO_2 等。传感器会定期采集数据，并将数据反馈给系统进行分析和处理。

2）污染物识别和分析

空气质量监测系统通过数据分析算法，可以对监测到的污染物进行识别和分析。这可以帮助了解室内空气质量的状况，及时发现出现的污染问题。

3）自动调节通风系统

基于监测到的空气质量数据，空气质量控制系统可以自动调节建筑物的通风系统。如果监测到室内空气质量不合格，系统可以自动增加新鲜空气的补给，或调整通风率以改善室内环境。

4）智能净化设备控制

如果室内空气质量达到预设的污染标准，空气质量控制系统可以控制空气净化设备的开启和关闭。这些设备可能包括空气净化器、过滤器或其他空气处理设备，用于去除空气中的污染物和提供洁净的室内空气。

5）数据监控和报告生成

空气质量监测与控制系统可以对室内空气质量数据进行实时监控，并生成报告和图表，以供相关部门和用户了解室内空气质量的趋势和变化，支持决策和改进措施的制定。

通过应用空气质量监测与控制系统，上海源点大厦可以实时监测和管理室内空气质量，确保员工和访客的健康与舒适。这也与建筑的可持续性目标相一致，保证了健康、环保的室内环境。

4.2　上海中建广场智慧建筑运维系统

4.2.1　项目基本概况

上海中建广场（图 4-10）项目位于上海市浦东新区周家渡社区，社区板块规划建设为央企总部聚集区。该项目功能定位为 5A 级办公楼＋商业综合体，绿色定位为具有影响力的绿色示范建筑，是上海中建东孚投资发展有限公司打造的高端商办项目。

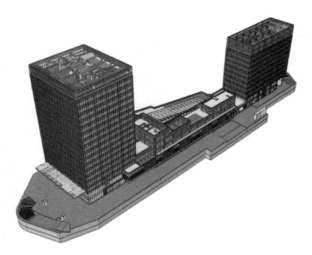

图 4-10　上海中建广场项目三维 BIM 模型

项目由 1♯办公楼（地上 17 层）、2♯办公楼（地上 10 层），3♯商业裙楼（3 层，局部 4 层）以及商业附属管理用房（1 层）等组成。地块总用地面积 16573.7m²，总建筑面积 75968m²，其中地上建筑面积 50413m²，地下建筑面积 25555m²。

4.2.2 项目技术创新

上海中建广场是一座充分运用先进技术的地标性建筑。该项目应用全新开放的智慧建筑技术架构和操作系统实现包括能效通、VRF 系统、智能照明系统、计量系统（变配电监测系统、分项计量系统、空调计费系统等）等子系统的数据。对接 VRF 系统（大金）和智能照明系统（智向）的 API 接口，实现系统的远程监测、运行策略设置和控制功能，基于人员个性化需求的机理和建筑局部调控与环控系统负荷特征等理论基础，应用包括深度网络的建筑环境控制系统时空协同用能预测模型、基于红外感知和信息融合的设备状态监测技术、兼顾经济与节能的多目标运行优化控制策略等主被动技术协同的建筑环境营造控制和决策管理技术，应用智慧能源运维和管理平台产品，实现基于信息融合与个性化需求的智慧建筑高效运行，项目建筑能源消耗持续降低，环境舒适显著提高。

1. 基于人工智能的基础理论模型创新

1）提出了一种基于特征优选和多重注意力机制的建筑空调系统能耗预测模型

空调系统能耗预测模型（图 4-11）首先采用贝叶斯信息量准则（BIC）对特征进行选择，并且可以针对多样的天气特征以及复杂的空调系统内部特征分别分析其重要性，对输入特征进行优化，同时利用时序注意力机制对历史时间信息中的重要时间信息进行挖掘，优化模型的输出，提高模型的准确性。仿真实验结果表明，项目所提算法可以有很好的预测效果，并且根据在不同情况下的对比，BIC-MA-FAF-BiLSTM 预测模型的 MAPE 为 1.02%，MAE 为 2.0056，RMSE 为 2.7851，相较于其他模型均有更好的预测效果，验证了所提模型的有效性。

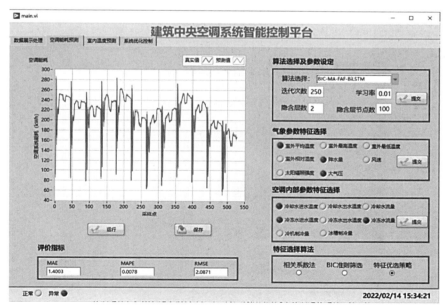

图 4-11 空调系统能耗预测模型

2）建立建筑室内温度预测模型

项目针对上述空调系统能耗预测模型输出的能耗以及相关气象参数，建立了建筑室内温度预测模型（图 4-12），并且采用 BiLSTM 算法的预测模型取得了更好的结果，模型的 MAPE、RMSE 及 MAE 分别为 0.09%、0.039 和 0.023，相较于 XGboost 模型分别降低了 0.05%、0.017、0.011，相较于随机森林模型分别降低了 0.01%、0.007、0.011。准确的能耗预测模型和建筑室内温度预测模型为后续空调系统的优化控制提供了基础。

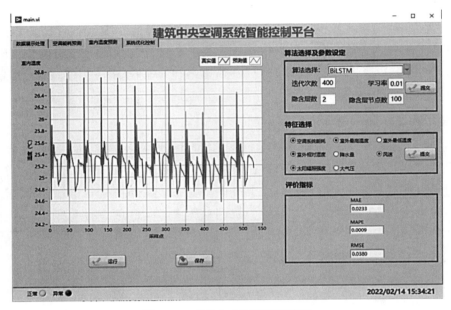

图 4-12　建筑室内温度预测模型

3）提出基于改进的 YOLOV4-Tiny 算法的室内人员分区实时计数（图 4-13）方法

图 4-13　室内人员分区实时计数

项目对室内人员检测算法进行了分析和研究，考虑到室内人员检测的实时性需求，最终选择了 YOLOV4-Tiny 算法。首先，通过空间坐标转换对室内场景进行了区域的划分，然后针对室内场景的复杂性，在 YOLOV4-Tiny 的基础上对其主干特征网络的主体模块进行了改进，使其更适用于室内复杂环境中的人员检测，提高了算法检测的准确度和速度。最后，在室内部署了视角全面的网络摄像头用于获取实时视频画面，并将获取到的画面送入改进后的算法中，实现室内各区域内人员数量的实时计算。

4）提出基于改进的 Faster R-CNN（图 4-14）算法的室内人员状态识别方法

图 4-14　基于改进的 Faster R-CNN 人员识别效果

为了建立具有实际应用意义的舒适度预测模型，项目选择了 Faster R-CNN 算法，以图像分析的方法获取人体相关参数。首先，在 Faster R-CNN 基础网络架构中加入了改进后的 FPN，使其更适用于检测人体小目标，然后利用该网络对室内不同衣着、冷热状态下人员的数量进行了识别，得到了人体相关参数。

5）建立了基于神经网络的人体舒适度预测模型

项目首先根据舒适度指数计算所需参数，把改进后的 Faster R-CNN 算法获得的人体衣着、冷热状态数据，结合室内温、湿度等环境参数建立了室内人员舒适度数据集。对 RBF 神经网络与 LSTM 神经网络进行了网络结构参数的选择，确定了对应模型的结构，分别构建了基于 RBF 神经网络和基于 LSTM 神经网络的人体舒适度预测模型（图 4-15、图 4-16）。

2. 智能化控制策略技术创新

1）提出冰蓄冷空调系统多目标优化运行策略

项目基于冰蓄冷机组实际运行数据解析（图 4-17），研究关键参数传递特性与规律，构建机组关键设备物理模型，结合用户分时电价，以供冷期总运行费用最小和能耗最低为目标建立冰蓄冷空调系统多目标运行优化模型，基于全局准则法获取 Pareto 解集，采

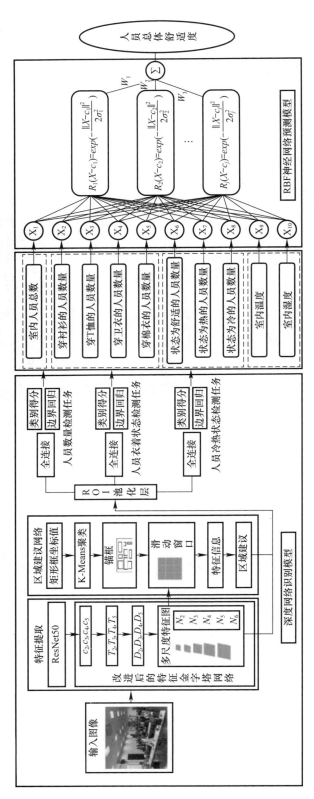

图 4-15 基于 RBF 神经网络的人体舒适度预测模型

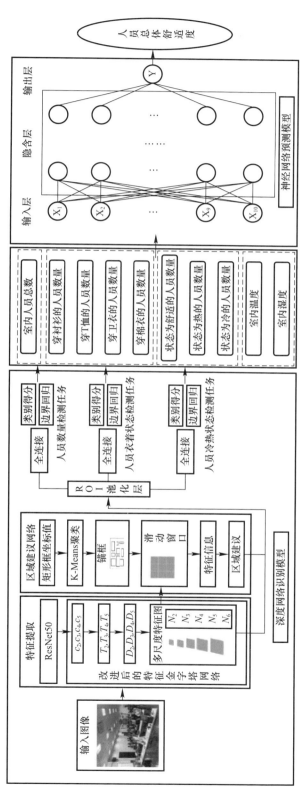

图 4-16　基于 LSTM 神经网络的人体舒适度预测模型

用多维偏好线性规划分析方法 LINMAP 进行快速筛选，确定制冷主机和蓄冰槽逐时功率最佳配比，实现保证室内人员舒适性的前提下，寻求运行费用与能耗的综合运行效益最优。相较常规融冰优先运作策略，整个供冷期可节省 13.5% 的运行费用和 8.9% 的运行能耗。

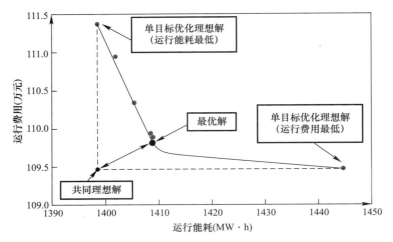

图 4-17　冰蓄冷空调系统多目标优化的 Pareto

2）建立基于 DDQN 的空调系统优化控制方法

首先，项目通过冰蓄冷空调系统（图 4-18）的特点将其建模为马尔可夫决策过程模型，采用 DDQN 算法对冰蓄冷空调系统进行运行优化，避免了强化学习过程中维数过高和值函数过估计的问题，并根据不同动作个数的收敛速度选择出合适的动作集合。然后，

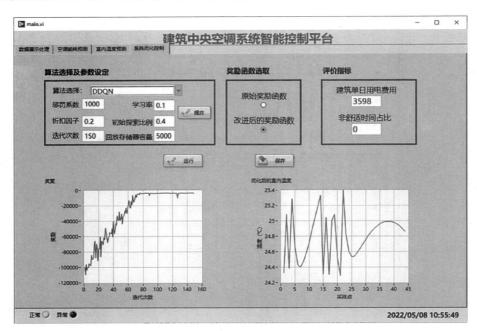

图 4-18　冰蓄冷空调系统优化控制模块

根据空调系统特性分别采取两种奖赏函数,即奖赏函数Ⅰ和奖赏函数Ⅱ。两种奖赏函数均包含空调系统运行费用和关于温度的惩罚项两个部分。其中奖赏函数Ⅱ在奖赏函数Ⅰ关于温度的惩罚项中加入了指数函数,可以根据实际室温和目标室温的插值来调节惩罚值,加快了 DDQN 算法的收敛速度。最后,在 Python 平台中对模型进行了建模仿真,仿真结果表明:选取采用奖赏函数Ⅱ的 DDQN 算法可以在满足室内舒适度的情况下,减少建筑空调系统的运行费用;RBC、PID、采用奖赏函数Ⅰ的 DQN 算法、采用奖赏函数Ⅰ的 DDQN 算法以及采用奖赏函数Ⅱ的 DQN 算法相比,选取采用奖赏函数Ⅱ的 DDQN 算法时冰蓄冷空调系统的单日用电费用分别减少了 1138 元、964 元、759 元、610 元和 531 元,非舒适时间占比分别减少了 4.33%、3.49%、3.24%、1.94%和 1.29%,同时 DDQN 控制策略的训练效率高和实时性强的特点,可以更加广泛地应用于对系统响应速度要求高的工程项目。

3)提出 VRV 空调系统优化运行策略

项目通过建立示范工程中办公楼 B 栋标准层的建筑模型和 VRV 空调系统模型,对空调最佳提前启停时间与室外温度的关系以及空调设定温度与运行能耗的关系进行分析,发现 VRV 空调系统的最佳提前启停时间与室外温度基本呈线性关系,室内设定温度是影响 VRV 空调运行能耗的重要因素,设定温度每提高 1℃,空调系统运行能耗可降低 4.8%~12.82%。

项目提出基于提前启停控制和室内温度设定优化的 VRV 空调系统优化运行策略,并以夏季某典型日作为气象条件对 VRV 空调系统模型进行仿真运行,结果表明该策略能够在保证室内人员热舒适性的基础上实现空调系统的节能运行,与现行策略相比可节省 11.32%的日运行能耗。

4)提出基于情景模式设定和天然采光利用的照明优化调控策略

项目通过建立仿真模型分析天然采光对室内照度的影响,根据模拟得到的室内光环境照度分布,发现引入天然光能够使室内照度更均匀,照明舒适性更好,并能有效减少人工照明的使用时间,起到节能效果。针对示范工程中办公场景特点提出基于情景模式设定和天然采光利用的照明优化调控策略,针对停车场景的特点提出采用定时和人体感应相结合的照明优化调控策略,并介绍了实现上述照明优化调控策略需要安装的硬件设备控制系统体系架构(图 4-19)。以示范工程地下停车场及办公楼 B 栋 10 层的部分办公区域作为案例分析了照明优化调控策略的节能效果,发现采用该策略可节省 38%的日运行能耗,且能有效避免夜间无人时灯具长时间开启情况的发生。

3. 项目改造升级

1)智能化系统提升改造

① 智能监测系统改造

传感器植入检测范围包括高压供配电、给水排水、中央空调、锅炉、电梯和消防主机,检测范围如图 4-20 所示。

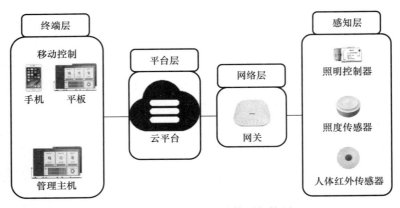

图 4-19 照明控制系统体系架构图

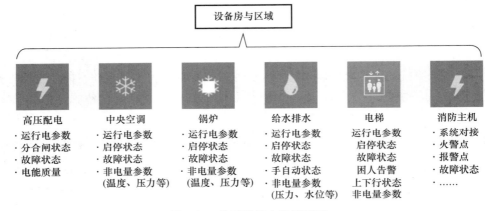

图 4-20 传感器植入检测范围

② 空调 VRV 系统智能化改造

在现有 VRV X 空调系统的基础上，增加智能 BOX，可以实现空调接入到第三方平台。将空调系统接入至第三方平台中，大金空调系统提供大楼 VRV 系统的运行数据（图 4-21），

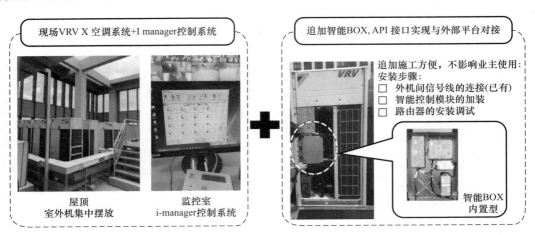

图 4-21 空调 VRV 系统智能化改造

包括开启状态、设定状态、开启时间、能耗数据，以便实现室内负荷分析、能耗分析、控制策略制定等。

③ 照明系统智能化改造

在地下停车场及办公楼 B 栋 10 层的部分办公区域进行了照明系统的智能化改造（图 4-22），改造后用户可以通过电脑、手机实时查看环境照度、设备能耗等数据，也可以随时控制照明灯具的运行状态。

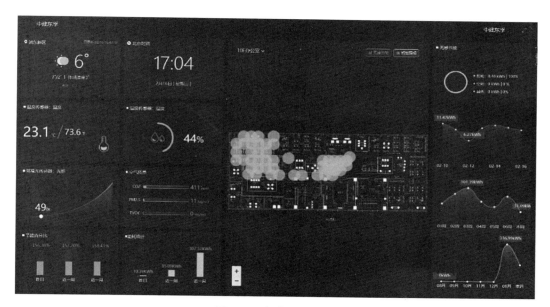

图 4-22　智能照明系统

④ 冰蓄冷系统控制策略优化

现运行策略为融冰优先，蓄冰时间：22：00～次日 7：00；融冰时间：8：00～冰量融完；机组供冷时间：冰量融完～21：00。

优化运行策略为结合上海市电价政策，对冰蓄冷运行策略进行优化，控制机组在电价低谷期多制冰，电价高峰期多融冰，保证系统以经济节能的方式运行。

2）数字化平台提升改造

① 基于 BIM 的建筑运维 FM 管理平台

实现数据信息统一体的全新开放的智慧建筑技术架构研究。项目为解决原有智能建筑"信息孤岛"的问题和利用建筑数字底板新技术提升智慧建筑精细化管理能力的需求，开展智慧平台层信息技术及信息安全技术研究，具体包括 BIM＋GIS 技术与建筑数据、数据处理以及业务模块的支撑融合；各类云部署配置的适用技术；建筑数据安全技术，包括数据结构化处理、网安全策略、系统升级策略、数据存储防护措施、数据采集授权协议及管理、数据生命周期管理、数据监测与监管机制。开展网络传输层通信技术研究，具体包括铜缆、无源光局域网及无线网络等传输技术在智慧建筑领域的适用；网络传输层根据不同的建筑功能、业务需求，针对传输方式、控制策略及隔离管控进行选择；基于建筑大数据的物联网技术。开展感知执行层传感技术研究，具体包括离线运行、前端存储、边缘计算、虚拟现实等技术。项目构建全新的标准技术架构包括感知执行层、网络传输层、智慧平台层和智慧应用层等，通过技术架构的标准化，快速推进建筑物或建筑群的数字化，指导智慧建筑的整体建设具有可参照的架构并实施落地；聚集智慧建筑应用场景思维，梳理关键技术的标准协议和接口，形成标准＋平台＋生态的即插即用应用逻辑，包括智慧通行、智慧安防、智慧消防、智慧供能、环境控制、智慧指挥等全应用场景；创新提出基于建筑大脑技术体系的信息安全技术。

研发兼容各类通信接口、协议、数据格式、数据库标准的基于数字孪生智慧建筑操作系统平台。项目在国家标准《建筑信息模型分类和编码标准》GB/T 51269—2017 的基础上，结合实践经验，自主研发了模型编码标准，为建筑设备和建筑空间建立起一套科学的编码规则。应用编码标准，对设备和空间进行编码后，通过插件自动导出设备、空间数据，设备和空间数据进入后端数据库进行存储，模型进入 BIM 轻量化引擎，实现数模分离。

项目基于全新开放的智慧建筑技术架构、围绕建筑动静态数据感知获取、解析存储、场景智能应用和可视化管理等难题，开展智慧建筑数据高效应用关键技术研究，搭建一套兼容各类通信接口、协议、数据格式、数据库标准的基于数字孪生的智慧建筑操作平台，平台主要包含建筑数据接入、建筑空间主题数据库、建筑数据存储体系、建筑赋能应用接口、建筑数据驱动引擎、建筑数据配置、项目配置管理等模块。

② 建筑运维 FM 管理平台

运维管理集成平台（图 4-23～图 4-25）依托于数字孪生智慧建筑操作系统平台进行

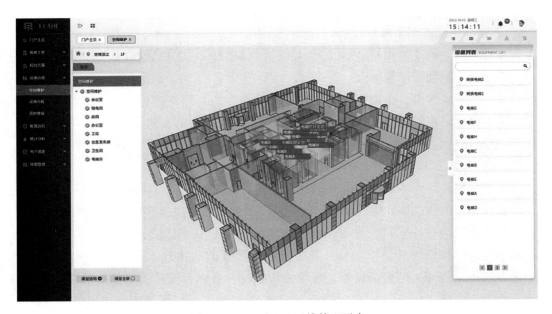

图 4-23　BIM＋FM 运维管理平台

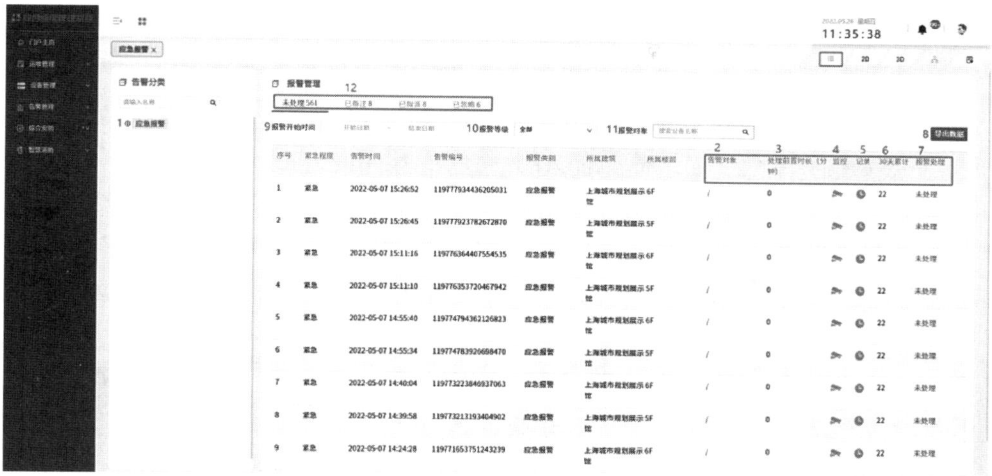

图 4-24　告警管理界面展示

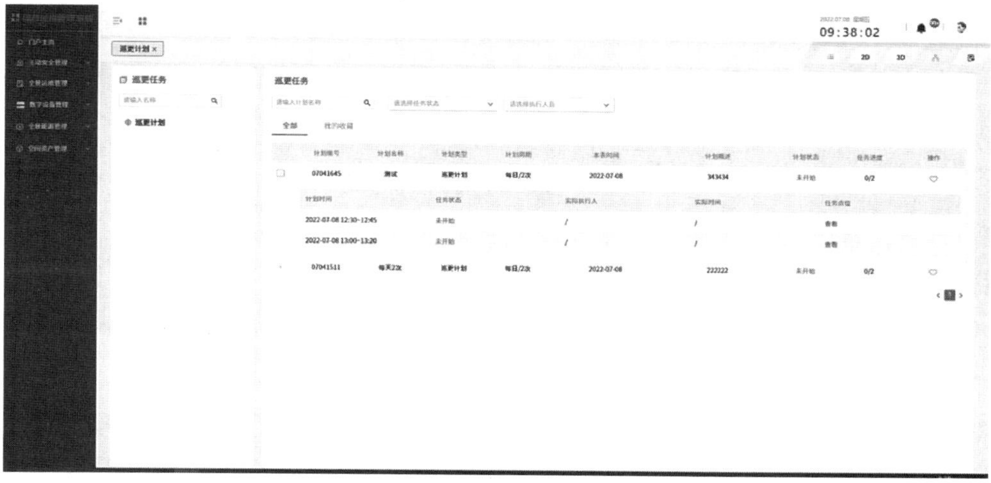

图 4-25　巡更管理界面展示

开发打造，通过自研的低代码化配置平台可对工单表单、业务流程、菜单模块、设备分类等进行配置，研发内容包括报修工单模块、告警管理模块、设施设备运维模块、智慧运行模块、三维 BIM 模块、统计分析模块等应用级模块，开发智慧运维管理 FM 平台。平台能够满足日常物业人员运维监控的需求，并通过三维 BIM 模型对空间、消防、安防、视频、冷热源、空调机组等进行可视化的数据呈现，能够实时接收各类设备的告警信息并进行推送提醒。

③ 基于 BIM 的能源诊断管理平台

中建广场能源管理集成 BIM＋FM＋BI 技术，目前实时集成了包括艾科计量电表、能效通、大金能源计量、智能照明系统等系统的数据。中建广场能源管理包括前台监测管理和后台配置管理两部分，前台监测管理主要包括关键指标仪表盘、二维模型、三维模型和实时数据四个部分。

中建广场关键指标仪表盘可实现包括单位面积建筑碳排放、建筑用水、用电和用气费用和占比、用电分项占比、用电时间维度占比（包括分级电价、时间等）及用电等最大负荷、平均负荷等关键数据指标动态监测。

中建广场目前集成了包括艾科计量电表、能效通、大金能源计量、智能照明系统等（图4-26），完成包括屋顶设备层、制冷机房、冰蓄冷机房、锅炉房等二维模型、三维模型，实现设备台账与二维模型、三维模型（图4-26～图4-38）和实时监测数据的集成。

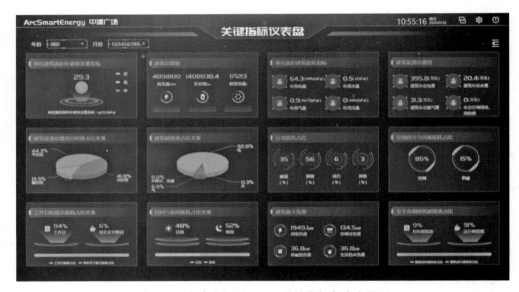

图 4-26 中建广场项目——关键指标仪表盘界面

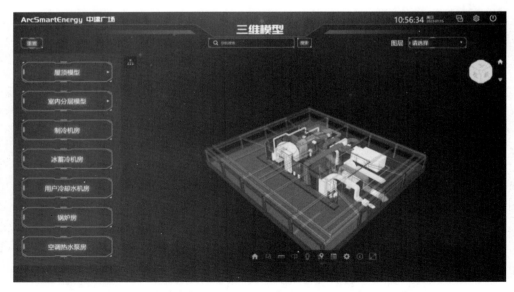

图 4-27 中建广场项目——三维模型界面（1号楼屋顶设备）

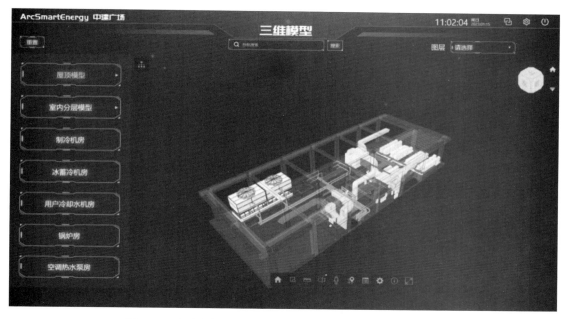

图 4-28　中建广场项目——三维模型界面（2 号楼屋顶设备）

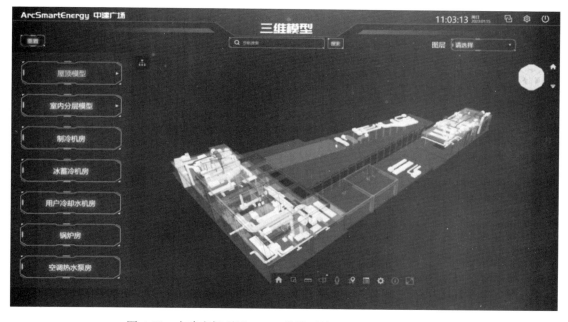

图 4-29　中建广场项目——三维模型界面（3 号楼屋顶设备）

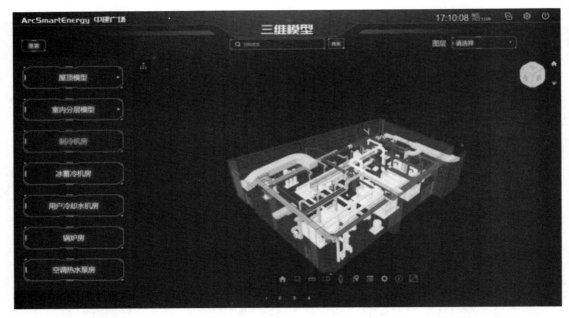

图 4-30　中建广场项目——三维模型界面（制冷机房）

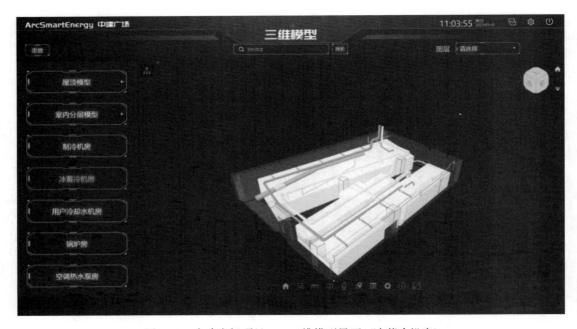

图 4-31　中建广场项目——三维模型界面（冰蓄冷机房）

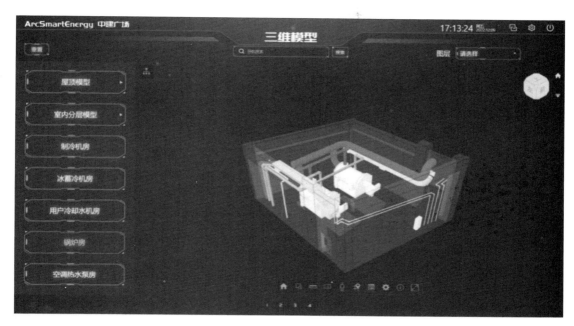

图 4-32　中建广场项目——三维模型界面（锅炉房）

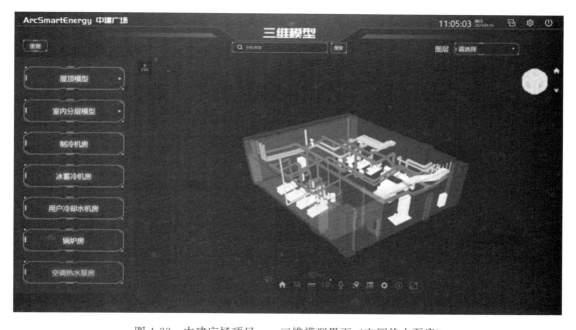

图 4-33　中建广场项目——三维模型界面（空调热水泵房）

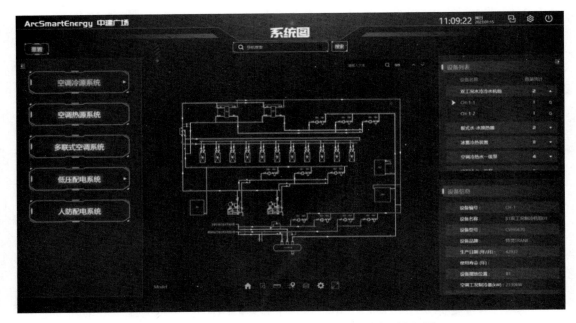

图 4-34　中建广场项目——二维模型界面（空调冷源系统）

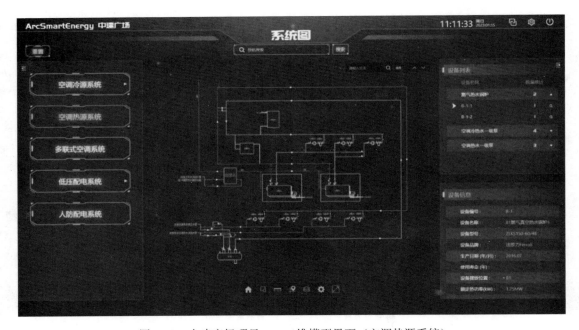

图 4-35　中建广场项目——二维模型界面（空调热源系统）

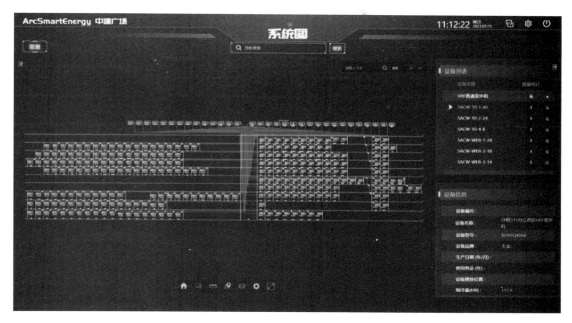

图 4-36 中建广场项目——二维模型界面（多联机空调系统）

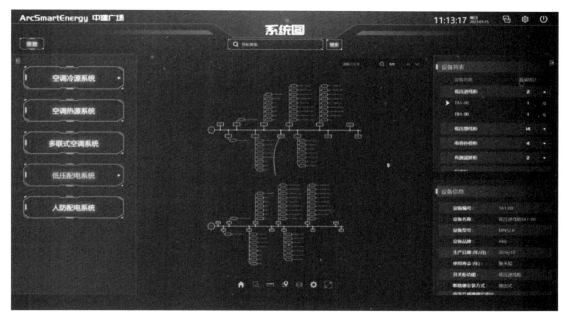

图 4-37 中建广场项目——二维模型界面（低压配电系统）

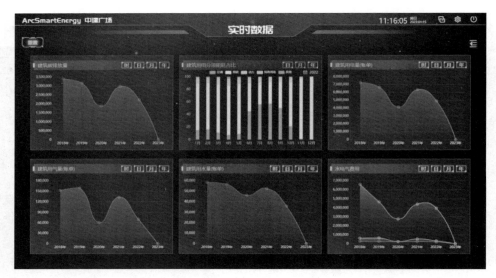

图 4-38　中建广场项目——实时数据监测

　　中建广场实时数据可监测艾科计量电表、能效通、大金能源计量、智能照明系统等各类设备的实时数据，包括电流、电压、功率和频率等，也可以实现包括建筑碳排放、建筑用水、用电和用气费用和占比、用电分项占比、用电时间维度占比（包括分级电价、时间等）及用电等最大负荷、平均负荷等关键指标的逐日、逐月和逐年的动态实时数据，可用于动态分析相关数据，另外也可实现包括预测、异常诊断、聚类分析、降载分析等深度挖掘算法的集成数据诊断功能。

　　中建广场后台配置管理可实现包括设备台账、能源台账、分项用能报表、数据下载等基本常用功能（图 4-39、图 4-40），也可实现包括能源分类、设备分类、系统分类、空

图 4-39　中建广场项目——后台配置界面

图 4-40 中建广场项目——模型管理界面

间分类、能源价格、时间配置、模型上传、实时数据绑定等高级配置管理，也包括用户管理、权限管理等日常功能配置。

4.3 上海兰生大厦 AI 智业云

4.3.1 项目基本概况

兰生大厦（图 4-41）建于 1998 年，运营已有二十余年，楼高 196m，主楼共 39 层，总建筑面积为 59273.23m²。其中 27 个楼层是甲级办公区，每层约 1200m²，净高 2.5m。兰生大厦项目本次主要是在能源、设施设备管理、安防等智慧运营方面进行了升级换代。

4.3.2 项目技术创新

1. 原有空调水系统创新升级

将原 BA 系统中涉及空调水系统的相关设备和点位转接到腾讯 BA 系统内，转接后原 BA 系统将失去相关监控功能，具体范围包括：

① 低区冷冻水泵、冷却水泵、冷水机组、旁通阀的监测和控制；

② 14 层和 15 层板式换热阀门的监测和控制；

③ 高区热泵及其循环水泵的监测和控制。

图 4-41　上海兰生大厦

2. 原有空调风系统创新升级

腾讯 BA 通过 BACnetIP 协议读取原 BA 系统中空调风系统相关数据，原 BA 系统仍保留相关监控功能，具体范围包括：新风机组和空调机组的运行状态、故障状态、手自动状态、回风温度、温度设定、水阀开度、风机频率、冬夏季模式、阀门开度等数据。

通过传感器及外接 BA，实现设备运行状态、故障状态、水管压力、回风温度等实时监测。同时，建立 AI 模型，首先建立兰生大厦的能源系统的机理模型，然后根据历史运行数据建立数学模型。建筑的舒适性条件（室内温度范围）以及设备的参数限制将作为 AI 优化的边界条件输入。

AI 建模首先是建立兰生大厦的能源系统的机理模型，然后根据历史运行数据建立数学模型。建筑的舒适性条件（室内温度范围）以及设备的参数限制将作为 AI 优化的边界条件输入，同时 AI 系统将在保持室内外温度设置及设备参数边界的前提下寻找最优控制值，使得系统的能耗最低。因此，AI 是在保持室内舒适度的前提下降低能耗。如果运维人员考虑牺牲局部区域（比如设备间或者无人区域）的舒适度降低能耗，可以通过调整系统所服务的区域温度设定值来实现。

同时，AI 系统将充分利用高、低区空调主机设备的效率差异，对设备进行分配控制，从而在满足负荷需求的同时，实现能耗最低。

3. 智慧运营指挥中心——AI 赋能智慧建筑开启建筑运营新时代

打造智慧灵活的数据中台（图 4-42），将多系统进行统一平台管理，实现了人员、设备、事件、空间的统一化管理，打破信息孤岛，实现信息的高效互通，并且通过图纸校对核验，以 BIM 模型为数据载体，打造数字孪生空间，与现实建筑物的双向打通结合。打造"可感、可视、可控"，会呼吸、会感知、会思考、会自控的建筑。

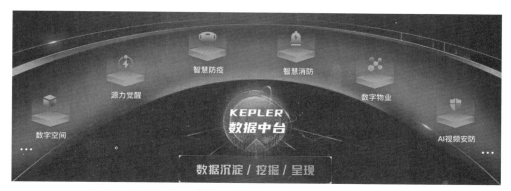

图 4-42　KEPLER 数据中台

运营中心打破了原有的管理模式，在一个系统中，对建筑中安防、能源、冷机等各种场景进行综合管控，对各种事件做出快速响应。运营中心以时空大数据为基础，完成信息呈现与跨系统协同。通过连接人、设备及子系统，调动 AI 的侦测与分析能力，使建筑内的各种事件从智能感知到快速响应，形成告警、定位、处理、反馈的闭环，基于基础信息的可视化、多维数据价值的挖掘以及自成体系的业务闭环，进而建立起一个智慧建筑的运营体系。数字孪生项目案例见图 4-43。

图 4-43　数字孪生项目案例

4. 数字物业——高效便捷、多端联动、进度可查可追溯

实现楼宇原有设备的电子化管理，建立专业全面的设备分类，配置设备唯一二维码，进行全生命周期的设备设施管理。员工排班灵活配置，智能工单自动派发，使事件"可追溯，可统计，可管理"，降低运营成本、责任边界清晰、各职能统筹管理、提高物业人员工作效率，使租户操作更便捷、体验更流畅，能够赢得企业效益和社会效益，实现设备数字资产，助力传统物业向数字物业转型。楼宇改造后，实现数字化、可视化。系统（图4-44～图4-47）可实现安全管理、消防巡检，提高效率，降低成本；一扫即修，加快物业响应速度，提升楼宇服务品质。

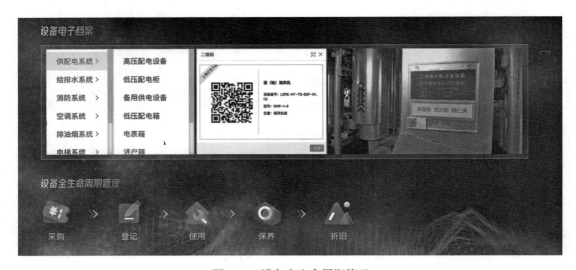

图 4-44　设备全生命周期管理

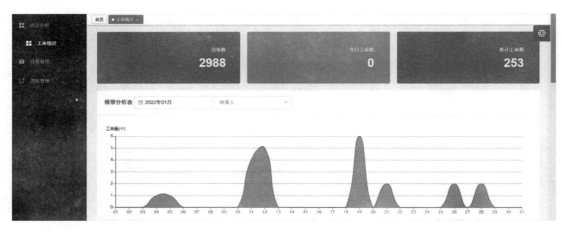

图 4-45　数字物业 PC 端报表系统（例一）

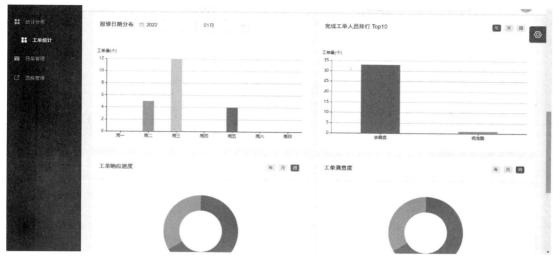

图 4-46 数字物业 PC 端报表系统(例二)

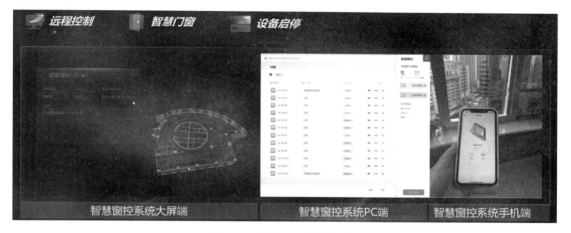

图 4-47 设备远程控制系统

5. 物联感知——大幅提升安全系数,预防事故升级

物联感知解决方案在物联网监测预警系统中,完全采用了国产核心技术的超窄带物联网技术,能够实现"全面检测、主动报警",当发生设备温度异常、水箱水位异常、重要区域浸水等情形时,迅速将报警数据定向发送至物业特定管理人员手机端。异常情况主动告警,管理人员及时处理,能够提高楼宇的服务能力和安保级别。

① 空气传感器:可实现空气质量与新风系统、窗控系统的联动,打造真正会感知、会呼吸、会自控的楼宇。

② 重要设备间及强电井安装漏水及温湿度传感器,最大限度规避因漏水导致的断电、设备损坏、短路、火情。

③ 门磁传感器（图 4-48～图 4-50），对限制进出的区域，如天台等有坠落风险的位置，加装门磁传感器，防止人员闯入引发事故。

图 4-48　传感器示意图

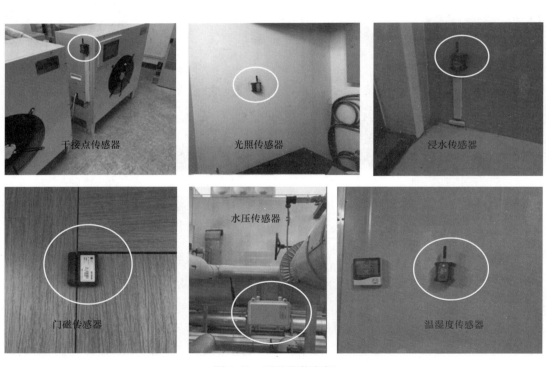

图 4-49　项目安装案例

图 4-50　物联感知项目案例

• 4.4　上海柏树大厦数字孪生运维平台

4.4.1　项目概况

上海柏树大厦位于上海市虹口区中山北一路 1230 号，是上海市内最早的现代化写字楼之一，该大厦共 38 层，总建筑面积 6.7 万 m^2。

4.4.2　项目技术创新

1. 数字孪生运维平台

1）系统功能

① 照明：实时查看现场所有灯杆的运行情况，并准确调取所有设备的实时数据。

② 视频监控：局域网监控，录像回放、远程监控。

③ UWB：智能操控设备。

④ 能耗：实时记录照明、暖通的能源消耗。

⑤ 电梯：监控电梯运行状态、运行速度、乘坐人数。

⑥ 暖通：记录暖通设备在大厦内的布局及走向。

⑦ 灯光系统：灯控布局，控制灯光亮度。

⑧ 门窗管理：可操控门窗基本信息。

⑨ 环境监测：检测楼层的温度、湿度、光照强度、CO_2 浓度。

⑩ 告警：具备可视化双向对讲及在线设备信息传播功能。

柏树大厦既有建筑示范项目构建的"基于 BIM 模型的数字孪生运维平台"（图 4-51）植入柏树大厦 A 区的平台展示用计算机上，与微软 Windows10 操作系统对接。平台通过 DaBaiShu.exe 执行文件调用，数据库文件存储于 DaBaiShu_Data 文件夹，并通过光纤专线与数字孪生服务器进行数据对接，数据库信息存储在数字孪生数据库服务器端，用以收集、调用、处理大楼末端监控数据。

图 4-51　数字运维平台界面

数字孪生平台场景（图 4-52～图 4-55）可以直接在电脑上使用，手机微信扫描后，场景也可由手机控制。

图 4-52　建筑周围场景界面

图 4-53　内部大厅区域界面

图 4-54　楼内部区域界面

图 4-55　24 楼内部界面

2）数字孪生平台系统主要功能

数字孪生平台系统主要包含建筑概览、能耗管理、人流分析、楼控管理、运维管理五个功能模块。

数字孪生平台系统的首页可查看各个设备的统计状况，包括电梯、暖通、灯光、门窗，视频监控通过判断当前平台的报警次数来评定系统实际运行情况。楼宇数据可以监测本月的照明设备、暖通设备的能源消耗情况。物联监测可以统计设备总数并监测设备在线数量。气象监测能够监测温度、湿度、光照强度、CO_2浓度，并根据数据的变化而实时变化。人流监测系统可以记录楼宇内人流，包含（历史人流统计、今日人流以及可疑人员统计）。

在"能耗管理"界面（图 4-56），可以显示整楼的设备信息，包含本月区域能耗、电表报警列表、能源使用占比、能耗数据、历史能耗统计。

在"人流分析"界面（图 4-57～图 4-61），有关于各个设备状态列表、告警事件列表。右侧面板为监控视频、人流统计、人流分时记录、人员占比环形图等数据。

在"楼控管理"界面可以查看楼控的设备状态列表与左侧面板为楼控的告警事件、暖通系统设备的在线状态、楼控管理的事件列表。

子模块列表中的电梯管理，可以查看电梯设备运行情况，以及电梯的状态，显示电梯运行到的楼层以及人数。客梯信息弹窗（运行信息、台账信息），运行信息包括客梯运行的当前运行的楼层、设备状态、当前电梯内人数以及平均速度。

图 4-56 "能耗管理"界面

图 4-57 "人流分析"界面

图 4-58　22 层"人流分析"界面

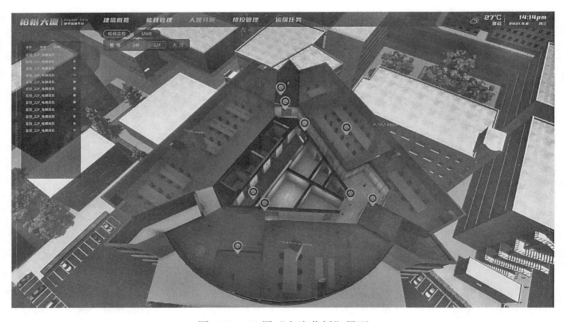

图 4-59　24 层"人流分析"界面

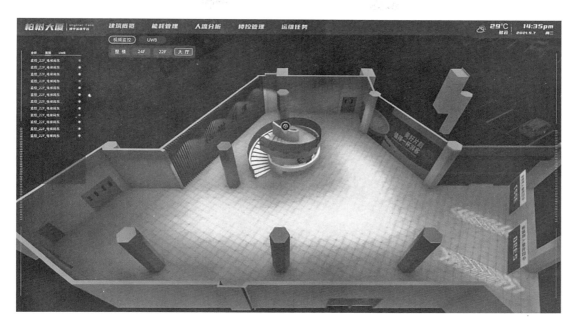

图 4-60 大厅"人流分析"界面

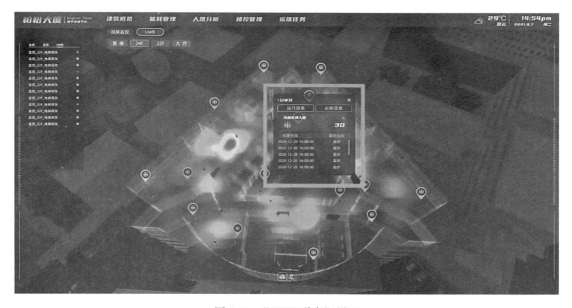

图 4-61 "UWB 弹窗"界面

"暖通系统"场景可以显示暖通布局以及运行情况。

图 4-62　大厅"暖通系统"界面

在"灯光管理"模块（图 4-63）可以看到整楼场景。

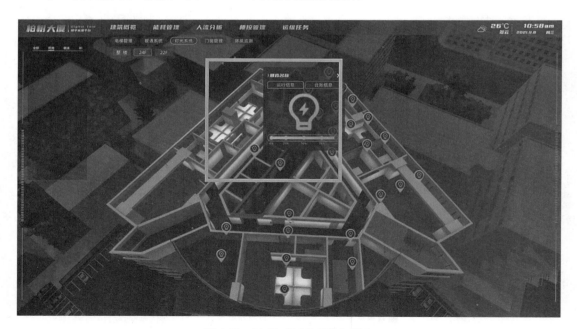

图 4-63　24 层"灯光系统"弹窗

在楼控管理的子模块"门窗管理"（图 4-64）到门窗管理页面，可以查看对应的标签信息、运行信息以及台账信息。

图 4-64　"门窗管理"界面

在子模块"环境监测"界面（图 4-65），可以查看显示环境监测的标签、详情信息框（运行信息、台账信息）。

图 4-65　"环境监测"界面

数字孪生运维平台通过用户侧末端设备网络构建传输数据，各末端监控设备、计算服务器、展示平台分别采用网络 Cat.5 双绞式电缆、RS485 串行通信标准协议、Wi-Fi 以及 ZigBee 进行互联通信，并在服务器端进行数据分析和模型对比，反向智能控制末端能耗设备的用能情况，实现智能环控系统调控下的楼宇节能目标。

2. 建筑环控系统硬件需求

本项目将数字孪生与建筑室内热环境的预测控制相结合，动态跟随状态量的变化、抑制扰动项的干扰，对热环境进行准确的预测分析和评估优化，用便捷、直观、高效的交互方式展示监测数据，为建筑物理实体的运行提供智能化的管控和运维方案。要实现虚拟空间与现实物理世界虚实关系的实时映射，就必须搭建能够联通物理世界的信息通道，同时构建虚拟空间平台，让虚拟空间平台在物理存储系统中运行，为此搭建能够高效运行的虚拟空间平台，实时获取物理世界末端设备数据，并按照管理系统进行数据信息集成、存储、运算、展示及反馈的计算机服务器平台。

根据需要，数据中心服务器包括 Master Nodes、Agent Nodes、Digital Twin 主机及数据中心屏幕，服务器由存储服务器、计算服务器、图形工作站、展示平台、数据交换机构成。

参考文献

[1] GAO Y, YANG G, XIE Q. Spatial-temporal evolution and driving factors of green building development in China [J]. Sustainability, 2020, 12 (7): 2773.

[2] 周凤仪. 数字时代下的建筑表达与实现 [D]. 天津: 天津大学, 2014.

[3] 封伟毅. 数字经济背景下制造业数字化转型路径与对策 [J]. 当代经济研究, 2021 (04): 105-112.

[4] 李州扬. BIM 技术在绿色建筑运营阶段的效益分析 [D]. 大连: 大连理工大学, 2021.

[5] YECHAO J, FANG L, JIANFENG Z. Integrated Strategy of Green Building Model Optimization Based on BIM Technology; proceedings of the 2020 5th International Conference on Smart Grid and Electrical Automation (ICSGEA), F, 2020 [C]. IEEE.

[6] SOLLA M, MILAD A, HAKIM L, et al. The Application of Building Information Modelling in Green Building Index for Energy Efficiency Assessment; proceedings of the 2020 Second International Sustainability and Resilience Conference: Technology and Innovation in Building Designs (51154), F, 2020 [C]. IEEE.

[7] ZHOU F. Research on the Computer Digital Construction of Ecological Architecture; proceedings of the Journal of Physics: Conference Series, F, 2021 [C]. IOP Publishing.

[8] PANTELI C, KYLILI A, FOKAIDES P A. Building information modelling applications in smart buildings: From design to commissioning and beyond A critical review [J]. Journal of Cleaner Production, 2020, 265.

[9] 李德仁, 邵振峰. 论物理城市、数字城市和智慧城市 [J]. 地理空间信息, 2018, 16 (09): 1-4, 10.

[10] 陈志国, 陈凯迪. 浅谈城市治理 "一网统管" 的解决思路 [J]. 中国安防, 2020, (08): 101-103.

[11] 梁军, 黄骞. 从数字城市到智慧城市的技术发展机遇与挑战 [J]. 地理信息世界, 2013, 20 (01): 81-86, 102.

[12] 买亚锋, 张琪玮, 沙建奇. 基于 BIM＋物联网的智能建造综合管理系统研究 [J]. 建筑经济, 2020, 41 (06): 61-64.

[13] 杜明芳. "十四五" CIM 驱动城市数字化转型 [J]. 中国建设信息化, 2021, (01): 28-31.

[14] 林秀凤. 绿色金融支持绿色建筑发展的现状及展望 [J]. 住宅与房地产, 2020, (35): 67-70.

[15] 孙璐. 多维并举推动绿色建筑高质量发展 [J]. 中国建设信息化, 2019, (08): 10-13.

[16] 姜中桥, 梁浩, 李宏军, 等. 我国绿色建筑发展现状、问题与建议 [J]. 建设科技, 2019, (20): 7-10.

[17] 王清勤, 叶凌. 《绿色建筑评价标准》GB/T 50378—2019 的编制概况、总则和基本规定 [J]. 建设科技, 2019, (20): 31-34.

[18] 李增. 我国绿色建筑现状及趋势探究 [J]. 低碳世界, 2020, 10 (04): 95, 88.

[19] 胡斌, 王涛. 数字化时代背景下的建筑设计 [J]. 建筑与文化, 2021, (03): 53-54.

[20] 罗海涛, 赵兴茂. 以数字化设计技术擎起绿色建造的未来 [J]. 中国建设信息化, 2018, (06): 24-27.

［21］郭朝先. 2060 年碳中和引致中国经济系统根本性变革［J］. 北京工业大学学报（社会科学版），2021，21（05）：64-77.

［22］王洋. "零碳建筑"发展趋势与金融支持建议［J］. 现代金融导刊，2021，（08）：33-36.

［23］王一鸣. 中国碳达峰碳中和目标下的绿色低碳转型：战略与路径［J］. 全球化，2021，（06）：5-18，133.

［24］何建坤. 碳达峰碳中和目标导向下能源和经济的低碳转型［J］. 环境经济研究，2021，6（01）：1-9.

［25］刘晓龙，崔磊磊，李彬，等. 碳中和目标下中国能源高质量发展路径研究［J］. 北京理工大学学报（社会科学版），2021，23（03）：1-8.

［26］江亿，胡姗. 中国建筑部门实现碳中和的路径［J］. 暖通空调，2021，51（05）：1-13.

［27］陶飞，刘蔚然，刘检华，等. 数字孪生及其应用探索［J］. 计算机集成制造系统，2018，24（01）：1-18.

［28］宋嘉，薛健，吕娜. 智能制造在 5G 环境下的发展趋势研究［J］. 中国新技术新产品，2019（20）：107-8.

［29］王伟，狄文远. 试谈 5G 技术在工业互联网领域的应用［J］. 中国新通信，2020，22（16）：104.

［30］张凯. 工业数字化转型白皮书［J］. 数字经济，2021，（03）：8-19.

［31］中国通信学会. 抢抓数字经济发展和数字化转型机遇，加快推进信息通信科技创新——从 2020 年中国通信学会科学技术奖看信息通信科技发展趋势［J］. 电信科学，2021，37（01）：1-7.

［32］范汝城. 基于大数据时代下智慧停车发展趋势展望与分析［J］. 智能建筑与智慧城市，2019（03）：85-87.

［33］裴国平，顾伟，何东明，等. 大数据时代下停车模式转型研究［J］. 智能城市，2019，5（23）：1-5.

［34］关欣. 一种基于监控应用的视频智能分析系统［J］. 信息通信，2020（12）：105-107.

［35］李明跃，程晓敏，彭廷，等. 被动式住房室内环境监测平台的构建［J］. 住宅与房地产，2020（27）：46，56.

［36］汤石男. 全集成能源管理系统设计与应用［J］. 现代城市轨道交通，2020（12）：132-136.

［37］朱燕勤. 既有医院建筑能耗管理体系的建设与实施［J］. 节能与环保，2020（10）：88-89.

［38］汤民，肖亚楠，武振羽. 绿色建筑大数据动态评估［J］. 建设科技，2019（12）：26-32.

［39］孟琥. 基于人工智能视觉技术的智能家居系统设计研究［J］. 电子制作，2021（02）：25-26.

［40］马加巍. 未来社区智慧化建设运维途径探究［J］. 产业创新研究，2020，（22）：41-43.

［41］上海电力. 上海电力前滩智慧能源中心 夜间蓄能白天释能［J］. 上海节能，2020（11）：1273.

［42］张兴，过增元. 绿色数据中心的全生命周期建设［J］. 信息技术与标准化，2018（10）：13-14.

［43］王勃华. 中国光伏行业 2020 年回顾与 2021 年展望［R］. 北京：中国光伏行业协会，2021.

［44］李美成，高中亮，王龙泽，等. "双碳"目标下我国太阳能利用技术的发展现状与展望［J］. 太阳能，2021（11）：13-18.

［45］王明菊，王辉. 太阳能光伏发电技术现状与发展探讨［J］. 能源与节能，2021（07）：37-38，49.

［46］伍赛特. 储能技术及其在电力系统中的应用与发展［J］. 上海节能，2020（04）：364-366.

［47］王文婷，菅利荣，刘军，等. 储能产业产学研合作演化研究——基于专利网络的视角［J］. 储能科学与技术，2021，10（02）：752-765.

［48］李沛，陈晖，邓良辰，等. 储能技术发展战略性问题与政策研究［J］. 中国能源，2020，42（08）：27-31.